2017 第三届中国—东盟建筑艺术高峰论坛论文集

江波　主编

中国建筑工业出版社

图书在版编目（CIP）数据

2017第三届中国—东盟建筑艺术高峰论坛论文集／江
波主编 .—北京：中国建筑工业出版社，2017.9
ISBN 978-7-112-21166-1

Ⅰ. ① 2…　Ⅱ. ①江…　Ⅲ. ①建筑设计－中国、东南
亚国家联盟－学术会议－文集　Ⅳ. ① TU2-53

中国版本图书馆 CIP 数据核字（2017）第 210796 号

本书汇集了 2017 第三届“中国—东盟建筑艺术高峰论坛”的多篇优秀论文，
会议主题为“穿越·地缘”。本书将论坛的技术成果转化为出版成果，文章来源的
广度、深度以及高度都有把关，论文集的出版为论坛的举办增添了其学术价值。
本书适用于广大高校建筑设计相关专业师生及建筑行业设计师。

责任编辑：李东禧　杨　晓
责任校对：党　蕾　姜小莲

2017第三届中国—东盟建筑艺术高峰论坛论文集
江波　主编
＊
中国建筑工业出版社出版、发行（北京海淀三里河路9号）
各地新华书店、建筑书店经销
北京嘉泰利德公司制版
北京中科印刷有限公司印刷
＊
开本：880×1230毫米　1/16　印张：9　字数：277千字
2017 年 9 月第一版　2017 年 9 月第一次印刷
定价：48.00元
ISBN 978-7-112-21166-1
　　　（30812）

前　言

　　今年论坛的主题为"穿越·地缘"，这里"穿越"强调的是在各自的地缘、不同的历史、不同的文化中去感受，去体验，去历练。它不是跨越，更不是跳跃。如同穿越一片雨林、一片沙漠、一片冰川，各种艰辛与收获全部在穿越者的体验中。

　　在当今浩浩荡荡的世界潮流中，大一统的同质化是一种趋势，正在以惊人的速度吞噬着具有明显地缘归属的风土人情、传统习俗、生活方式、文学艺术、行为规范、思维方式、价值观念等民俗文化。因此，我们总想保留一片曾经，保护一片记忆。这是很艰苦的付出，甚至是一种奢望，即便如此，我们也要做一个坚定的守望者。我们并非是以关闭自守的态度，相反应该是以更开放的心胸、更宽容的心态、更先进的理念、技术去保护和传承。

　　我们举办这个国际性高峰论坛今年已是第三届，尽管每年各有主题，但其实质还是立足于本土地域特性，关注设计、关注教育，以及其引申出来的文化与观念。也是顺应时代呼唤，着力建立一个国际设计教育交流平台，打造一个学术丝路，达到互利共赢的目的。在此，感谢各位专家的积极参与和大力支持。

广西艺术学院建筑艺术学院院长　江波

2017 年 8 月 7 日

目 录
CONTENTS

古城改造更新策略与面向弱势群体的设计

——平江路历史街区改造中混合集市空间设计案例构想

苏州大学　李超德

深圳大学　李逸斐

二次大战以后，西方城市更新策略已经成为城市快速发展进程中所面临的重大课题，带来了原有工业城市社会、经济、文化、环境等效益的策略性改变。随着中国国内城市发展进程的推进，如何关注旧城改造中老城中心居民的民生，这既是城市管理者的义务，更是规划师、建筑师的责任。在苏州市平江路历史街区改造中，我们构想设计一个"混合集市空间"，是要探讨旧城改造过程中以保护原有城市环境风貌为前提，如何践行设计以民生为本、关心弱势群体生活权利的价值取向，在旧街道改造项目原址上，尊重原有城市与街道的历史肌理，通过老建筑再设计、延伸设计等方法，设计建造一个经过更新的多功能菜市场，从而在苏州历史文化名城的核心区域营造一个充满生活气息、活力十足的便民公共采购场所。

1　历史街区改造中城市更新策略与设计态度

在当下，大拆大建仍然是城市建设、改造与发展为主导的前提下，我们通常很少用"城市更新"一词。"城市更新"（Urban Regeneration）源自西方，也可以翻译为"城市再生"，最早是指西方国家尤其是英国在经历全球产业链转移后旧工业城市衰败的一种城市复兴策略。回顾发达国家城市更新与城市改造的历史，"城市更新"一词的出现，特别是英国作为一个老牌工业化国家，城市更新策略的推行，可以追溯自19世纪中叶到整个20世纪的城市更新运动。但真正形成推动力，则是二次大战以后的城市发展策略。城市更新促成了城市经济、生活方式、文化政策的新倾向，城市更新作为振兴城市产业经济、复兴城市功能，实现城市社会、经济、环境良性发展的复杂体系和周期性活动，从最初旧工业城市经济复兴的经济、文化需求和特定策略，逐渐演变为当前全球范围内各地区不同城市化发展阶段城市再开发的趋向性活动。

我们始终认为，城市是有灵魂的，城市的设计是有性格的。而一座古老城市一定是文脉相连，设计除视觉表象因素外，核心研究内容实际上是历史学、社会学、伦理学和美学的综合解读。西方发达国家二次大战以后的城市改造活动，为我们今天的古城改造提供了借鉴。尤其是在英国，在经历工业大革命以后的近两百年中，一直引领世界经济、政治、文化发展潮流。然而，至二次大战后，英国的政治、经济地位迅速下降，全球产业链、经济、文化、政治中心向北美和亚太转移，曼彻斯特、谢菲尔德、利兹等老工业城市迅速衰败，促使英国政府主导的城市复兴策略开始推进。这一策略主要考虑的是改善中心内城及常住人口衰落地区城市生活、工作环境，第三产业发展和刺激经济增长，增强城市的生命力和活力，以此提高城市竞争力，达到城市再开发的目的。

"设计问题实则是文化问题。即便是全球化的时代，设计产品的视觉表象下仍然蕴含的是一个民族的文化话语权的表达。"设计活动是围绕着人而展开的，真正的设计不仅是对人的关怀，更是对社会的一种态度，反映出的是城市主导者的文化立场，以及对待城市功能定位与发展的价值观。事实上世界各国在工业革命完成以后，已经开始关注城市发展中的诸多问题，已经开始关注如何应对工业城市向后工业城市转型的产业结构调整过程中，将旧城市改造上升到社会价值、文化价值、经济价值、审美价值的高度来做城市未来规划，做出了许多有益的尝试。譬如：纽约、悉尼、波兰，包括上海、北京、天津等地在城市改造和发展中对旧工业遗产建筑的再利用，对已污染"棕地"的可持续开发与利用，对原老工业城市制造业中心低技能产业工人的再安置，直到对新产业类型的规划与再投资活动等，都显现出新经济观念、文化政策倡导与产业发展的引领。在促进旧的中心城区经济复苏的过程中，如何实现对原有社区边缘化弱势人群重返社会主流、吸引他们参与城市文化生活，对衰败的老城市形象再塑造都具有积极的社会进步意义。城市更新策略当然包括在快速城市化过程中的各种旧城改造、历史遗存保护再利用，以及城市如何提升全球城市网络化过程中自上而下、自下而上的多种更新活动。随着不同国家、地区城市再开发活动目标的多元化、内容差异化，大大丰富了城市更新的内涵和深度，吸引了不同领域学者对不同城市更新的动因机制、政策导向、方法模式、作用效应、实践设计进行广泛而又多样化的研究。

2 平江路历史街区丰厚的文化积淀与人文气息

苏州作为中国大陆经济发展最快的地区之一，城市现代化的步伐突飞猛进，新旧两个城市已经被比喻成双面绣，一面是传统的，一面是现代的。但是，古城发展遭遇的发展瓶颈与尴尬，诸如如何处理好保护与发展、民生与商旅的关系、如何保留古城城市市民生活的在地性，所有这些都阻碍了苏州城的发展。

平江历史街区位于苏州市中心古城区东北隅，东起外城河、西临临顿路、南连干将路、北接白塔东路，面积约 116.5 公顷，是苏州迄今为止保存最为完整、规模最大、商旅与居民混杂的历史街区，堪称苏州古城发展的样本与缩影。

平江路全长 1606 米，虽然历经近千年的历史洗礼，却沉淀了 2500 年多年城市历史发展的文化基因和城市肌理，形成了浓郁的历史和文化变迁氛围。今天的平江路历史街区仍然保持着近千年来"水陆并行、河街相邻"的双棋盘格局，以及"小桥流水、粉墙黛瓦"的独特风貌。平江路沿线隐含着极为丰富的历史遗存和人文景观。其中有世界文化遗产"耦园"1 处（亚太世界遗产培训与研究中心）、人类口述和非物质文化遗产代表作昆曲展示区"中国昆曲博物馆"1 处、省市级文物古迹 100 多处，城墙、河道、桥梁、街巷、民居、园林、会馆、寺观、古井、古树、牌坊等 100 多处古代城市景观风貌基本保持原样。现在的平江路全街经过近十多年的开发，临街商铺林立，游人摩肩接踵，成为到达苏州以后广大游客的最重要旅游目的地之一。2009 年由文化部、国家文物局批准，中国文化报等数家单位联合发起并主办的首届"中国历史文化名街评选推介"活动上，平江路和北京国子监街、平遥南大街、哈尔滨中央大街、黄山市屯溪老街、福州三坊七巷、青岛八大关、青州昭德古街、海口骑楼老街、拉萨八廓街一起，被评为首批"中国历史文化名街"。

一条平江路可以说积淀了整个苏州城的丰厚文化与人文气息。我们揭开历史的帷帐，历史与传统给予苏州太多的滋养。宋代以后及明清两代苏州从偏隅东南的"蛮夷之地"，发展为市民富庶、文化精深、艺术璀璨的都会城市。余秋雨先生说的那个"白发苏州"，曾经是"黑发苏州"，苏州曾经是代表中国历史、政治、经济、文化前进与发展的区域。她曾经是新兴经济与文化形态发展之地，她充满着生气。她的流行艺术，即今天的传统艺术（昆曲）引领着时代风尚。苏州作为明清两代的时尚之都，各项艺术活动和工艺美术精品辐射全国，冯梦龙在其小说中写到唐寅等"吴门四家"的扇面行销京都，说明吴门绘画领视觉艺术潮流之先。徐旸《盛世滋生图》的大场景，以及"机梭之声通宵达旦"、"丝绸牙行千百家"的描述，说明了苏州工商业发达。"日出万匹绸"、"衣被天下"，苏州的服饰风靡京华。崇祯帝后"皆习江南服饰"、"吴有服而华，四方慕而服之"，说明苏州是时尚的城市、发展的城市。苏州的美术、工艺、戏曲、文学代表着当时的"当代艺术"。

平江路作为古城苏州硕果仅存的两个重要历史街区之一，它既承载着历史的传承，又预示着城市的未来。如果仅仅将平江路看成是古城保护的一个盆栽，原本古城生活的气息将丧失殆尽。真正的平江路应该是有人生活的，它是活在当下的。或许这就是我们要做这个"混合集市"构想的设计态度。

3 平江路历史街区混合集市空间设计的构想

作为一种悖论与反思，任何古城建筑的改造，都离不开人和原有建筑、再生建筑、再设计建筑的相关性思考。同时，古城建筑在考虑现代生活方面遭遇的难题，是所有设计者面临的重大挑战。应该肯定，在相当长的一段时间内，我们的城市主导者受到认识水平的制约，他们很少认识到城市发展中的更新策略，更是很少考虑城市发展与古老建筑的关系。更何况城市历史文脉对于现代化城市发展的精神性支撑，也是随着时代的变迁而变迁。

格罗皮乌斯曾经在《包豪斯宣言》中说过："一切文化构想的产生和传播，绝不可能超过社会本身的发展速度"、"美的观念随着思想和技术的进步而改变，不存在什么'永恒的美'"。当下城市管理者、规划者的学识水平与视野决定了某个城市更新与改造的水平。我们一直坚信城市建筑设计的外在表达不存在一成不变的逻辑，一座千年古城在它的地下一定存在着年代堆积层，城市的外在风貌也一定存在着发展的肌理。老城古老建筑的修旧如旧和延伸设计，与诸如全国各地拆掉真正的老建筑，破坏原有风貌，造一批不伦不类的明清街等假古董建筑是两个不同的概念。

我们在做这个事件案例构想之前，多少受到了同济大学建筑系童明老师设计的"苏州平江路董氏义庄茶室"的启发。这个案例是老城建筑改造设计中一个成功的案例。董氏义庄沿河而造，坐落于平江路历史街区南段，临近干将路。义庄在古代是中国农业社会风俗之所，也是宗族所有之产。通常情况下，义庄包括学校、公田、祠堂等设施。在历史文献上，最早有记载的义庄是北宋范仲淹在苏州所致置，随着社会结构的改变，义庄的内容在渐渐缩窄，到了近代几乎只以祠堂为主。而在城市之中，被称为义庄的场所，还另外有一个专门的用途，就是寄放棺椁。董氏义庄属于董姓家族，在经过几十年的居民杂居、滥用和遗忘之后，如同平江历史街区大多数建筑一样，董氏义庄已经极其衰落而破败。董氏义庄项目改造由当时的平江区地方政府作为一项样板工程进行实施，希望将它从一个破落的民居转变为供商旅用的餐厅和酒吧，使平江路这条河街成为更吸引游客的地方，可以为他们提供休息、茶饮和简餐的空间，同时也可以坐享其中，成为欣赏周围历史景观的场所。

董氏义庄茶室项目设计开始时面临着多方面的挑战，一方面是保护传统的城市肌理，另一方面是使衰退的古老建筑更适应于现代城市生活。根据现有建筑的状况，基地被分为两个部分，南部是比较传统的庭院住宅，其物质空间需要保留下来。基地北部是一个需要被拆除和重建的垃圾房，这成了新建筑的实验场所，所以新建筑在设计上较为创新而且结构化，意图在保护建筑中提供一些现代气息。其中一座咖啡吧带有旋转上升的楼板，每层抬高 40 厘米，一直通达屋顶，这样形成了连续性的室内和室外景观平台，游客们可以在此欣赏历史街区美丽的天际轮廓。新建筑外表面用一层镂空青砖墙进行包裹，游客在室内可以获得通透的视野，在外部则会形成较为密实的体量，用来限定沿河的广场空间。在夜间，灯光将使整座建筑如同灯笼一样，用来烘托历史街区复兴的一种特殊氛围。作为一种探索和尝试，童明的设计比较好地解决了传统、现代与环境之间的关系，不失为一项成功的设计，可以说他找到了古老建筑与现代设计的关联性。

这么大篇幅介绍童明的"董氏义庄茶室"设计，意在为我们要做的"混合集市空间设计"设计找到一个可以参照的有价值的范例。如果说，童明设计的"董氏义庄茶室"是一个旧建筑改造成为旅游、商业用房成功案例的话，平江路全长 1600 米的街道上我们今天几乎找不到一处考虑原居民日常生活的采购场所——菜市场。原有居民在旅游开发中被忽略了，他们成了不被重视的弱势群体，他们的民生没有得到足够的关怀，在西方已经广为接受的城市更新策略等相关理念没有引起城市管理者的重视。

我们可以看到的是，近十多年来，平江路历史街区已由传统古老街道改造成为热门的文化旅游景点。但是，居住于此的原居民却商住混杂，处在一种较为弱势的生活状态，特别是相关的民生生活设施大多被拆毁，给留守居民的生活带来极大的不便，由此我们构思了"混合集市空间"。所谓"混合集市空间"，我们的定义是想把古老街区居住空间、社区活动空间和商业空间融合起来，着力打破原居民日常生活与旅游业态介入后产生的相互"对峙"僵局，从而让这个创新的混合集市空间承担起造福于本地居民、游客以及菜贩的利益责任，形成一个有利于三方的公共交流场所。

在方案设计前，我们就平江路沿线的本地居民、外来租住人口、游客、流动商贩做了一定的调查，基于对本地居民、菜贩和游客三个不同群体的调查分析，以及在此场地上的使用需求考虑，设计构想了这个混合集市，将该项目设计成为促进城市改造、更新、环境发展过程中的多样空间，来体现城市发展的多样性、文化肌理和人文关怀，这对于原居民与城市发展的融合将起到催化剂作用，从而更好地体现现代城市对每一个人生存权利的尊重。虽然，这仅仅是一个设计构想，但它对于老城市改造如何贯彻"城市更新策略"是极富积极意义的政策性考量。同时，这一设计如果得以实现，它可以演化为传统古老街区与现代城市之间某种情感纽带，促进城市生态的健康发展。

图 1 "混合集市空间"效果图

图 2 集市庭院内景示意图

图 3　场地意象拼贴

图 4　混合空间策略

图 5　场景剖面图

图 6　立面图

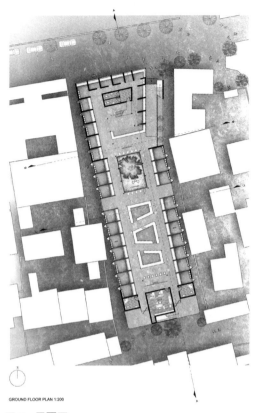

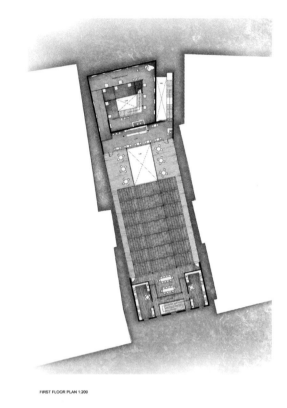

GROUND FLOOR PLAN 1:200

FIRST FLOOR PLAN 1:200

图 7　平面图

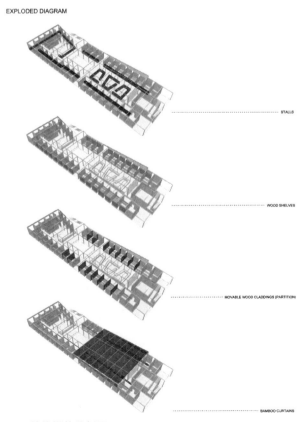

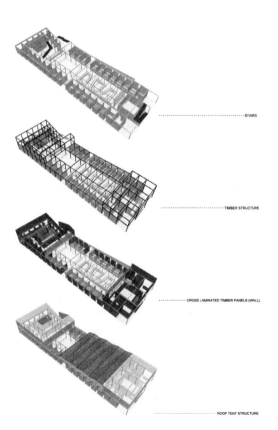

图 8　结构爆炸分析图

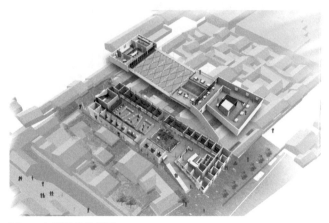

图 9 鸟瞰爆炸分析图

当然，这个项目的设计构想主要得益于我们曾经长期居住的平江路，同时也得益于李逸斐在英求学期间，导师 Dr.Teresa Hoskyns 带领她考察了欧洲多国城市更新策略背景下城市更新策略与社会创新项目所带来的启发。特别是与欧洲建筑公益团体合作调研弱势群体的情形，引发她对于建筑师设计责任、设计伦理的思考。回国后，有关于苏州古城改造中被忽略的东西，促使她更加致力于传播社会价值导向下的设计策略，以及如何从政府层面，积极介入老街区改造、政策性设计构想的实施，积极鼓励和激发政府主导、公众参与社会团体介入，多方合作、综合化、易实现、更可持续的城市更新营造项目的实施（图1~图9）。

本文主要表达我们对于古城改造中，城市指导者、规划者、设计者应该秉承的设计立场、设计态度和设计价值观。

参考文献

[1] 李超德.设计的文化立场[M].南京:江苏凤凰美术出版社，2015，13.

从乡土建筑的系统性看今天新农村建设

中国美术学院　周　刚

摘　要：在深入了解中国及中国的历史的过程中，乡土建筑及文化有着独特的、根性的、不可替代的认识价值。民居是乡土建筑中数量最多、类型最多也是与百姓生活最密切的部分，因此，常常有人以乡村的民居研究的单体化作为研究的全部，最终脱离了乡土建筑的其他类型和整体系统。乡土建筑的聚落综合价值要远比个体建筑大的不可比拟。也就是说我们对于乡土建筑的研究必须从个体或类型的研究转到乡土建筑的系统上来，我们所采用的方法是，不仅研究民居而且研究民居形成的自然环境与条件，研究它的历史源流，以及它与其他类型建筑的相互关系。因此，研究、保护或评价乡土建筑的基本价值，当然是它的综合的总体价值。传统的乡村、聚落是单体建筑的总和，是一个较为完整的空间系统，这个系统展现了村落的真正面貌。新的乡村建设也同样要建构这个系统。

关键词：乡土建筑；系统性；村落全貌

改革开放近四十年，中国在经济、文化和城市建设方面都取得了很大的进步，这种进步来之不易，我们有经验也有教训。我们应积极响应中央号召，扎实地解决"三农"问题，即农业、农村、农民问题，提出建设社会主义新农村。最近好几处乡村要求我们为他们做"新农村"规划，他们有着很大的热情，下了很大的决心，从经济上、政策上、甚至对乡民的思想认识与统一上，都作了很好的准备。但这使得我们十分担心，这些年来，我们对于"乡土"建筑、"文化"建筑的讨论，对于中国传统文化根性的探讨也不算少，大家的认识也似乎比较一致，焦点还是在于如何继承与发展。然而，仅停留在讨论上是远不够的，我们常常带着研究生对乡土建筑与规划进行考察，了解乡民的生活、风俗、礼仪与建筑形式，追溯这种风俗、礼仪的源流，追溯这种建筑形式形成背景，踏勘乡落的山形水势，有很深的体会。同时也看到，乡落在新的建设中存在诸多问题。

在改革开放后近四十年的新一轮建设中，新农村的建设必定是一个十分重要的问题，在这一轮的建设中，我们的脚步应该走得更加稳健，以下将就我们在乡土建筑的系统性及文化内涵的认识上的体会谈一点看法，也许对新农村建设有益。

1　乡土建筑的系统性与文化精神

乡土文化中最大的一宗，最直接地承载乡土文化、展现其发展历程、服务于广大民众的就是乡土建筑。几千年来，以农耕文化为主的中国，乡土建筑积累了丰厚的文化内涵，成为中国传统建筑中最有生气、最富人文精神的部分，也成为中华文明的重要组成。因此，要想真正了解中国，了解中国文化，了解中国人，不探究中国乡村是不可能的。而乡土文化又在承载着它的乡土建筑中系统地展现着。

系统性，主要指的是乡土建筑历史演变的源流和它精神上的总体性与形式上的完整性。为适应中国传统宗法制度的社会秩序与意识形态，形成了完整的建筑系统，在这一系统中又有了多种类型与支系统。这些支系统各自有着自己的功能，同时它们又相互密切联系、互依互存，共同构建了宗法制度下乡土建筑、乡土生活、乡土文化精神的全貌。

乡土建筑的支系统按建筑属性与功能大致可划分为，礼制建筑、崇祀建筑、行政建筑、文化建筑、防御建筑、居住建筑、交通建筑、商业建筑、公益建筑、水利建筑、景观建筑等。每个支系统里又有许多种建筑。

礼制建筑，主要包括有城隍坛、历祭坛、文庙、关帝庙、社庙、忠烈庙、三贤祠、颂德牌坊等。

崇祀建筑，主要包括有火神庙、朝山庙、佛寺、道观、真武庙、华佗庙等，它与礼制建筑有时也合为共用。

行政建筑，包括县乡管理部门及其附属建筑。有府、库、各类所、迎客馆等。这类建筑主要用于乡、县的行政管理机构的系统。

文化建筑，主要包括有明伦堂、藏书楼、书院、文昌阁、文峰阁、戏台等，这类建筑主要出于尊经、昌学的目的之用。

防御建筑，这类建筑主要用于乡村的安全防范，包括有城墙、城门、护城河、碉楼、武场等。

居住建筑，居住建筑是乡土建筑中产生最早，也是与人们生活最密切，形质与内容也最丰富的一类建筑，它主要包括各种单体、单元、住宅与组团、聚落。

交通建筑，这类建筑主要承担着乡村间的交流与沟通、乡村内部的联络，以及内、外部的开合与收放。主要包括有道路、各类桥梁、路亭、连廊等。

商业建筑，主要包括有各类商业服务设施和各类手工业制作作坊，如集市、盐行、米店、木工行、药房、笔坊、水碓、会馆等。

公益建筑，这类建筑主要用于社会及公用建筑。主要包括有福利性建筑如集善局、养济院、水龙会、井亭、粮仓等。

水利建筑，这类建筑主要用于防旱、防汛、排涝的各类水利设施。为了能够真正起到预警防范作用，乡村修建了水坝、水渠、水塘和蓄洪区，以及在山头等地修建的瞭望楼、烟台，预警时燃放烟火报警示众，还有日常管理这些水利设施的营房等。

景观建筑，这类建筑充分体现了乡民对营造自己家园和对家园自然环境的利用与改造上的丰富想象力，主要包括依自然条件与山形山势修建的景观亭、台、楼、阁，以及花园等，这类建筑有简有繁，但它往往使得一方山水充满了神奇与秀美。

这些乡土建筑中几乎包容了乡土文化的各个方面，在这些建筑中埋藏着我们永远抹不去、离不了的记忆。看到在宗祠中还在高挂着的炫耀族人光荣的匾额，在格扇窗上雕刻着的"渔樵耕读"和院子里放着的用书卷为形雕造的石头桌、凳，你才可能体会到那"朝为田舍郎、暮登天子堂"农家郎的理想。

村口老樟树林中的凉亭，告诉着出远门的男人们，你离开了家，也告诉着那归来的汉子们这里是你久别的家。每到初一、十五在家的女人们总要到村口的凉亭里供上一束香，默默念叨着，祈求自己的男人平安归来。二十岁出头了你耐不住青春的心动，闹着要出外闯世界，三十年来你一直忘不了母亲在村口的凉亭边给你的叮咛，忘不了母亲望着你远去的慈颜。

这种记忆不是一个人的记忆，它是我们共有的记忆，是我们乡土中国人的记忆。这种记忆里有我们民族的生活、习俗，更有着包含哲理的中国人文精神。这种乡土建筑、乡土情感、乡土文化和乡土精神对于我们而言是不可替代

的。为此，无数仁人志士即使是献出生命也要保护自己的家园。

在深入了解中国及其历史的过程中，乡土建筑及文化更有着它独特的、根性的、不可替代的认识价值。

2 对保护乡土建筑基本价值的认识问题

民居是乡土建筑中数量最多、类型最多也是与百姓生活最密切的部分，因此，常常有人将乡村民居研究的单体化以为是研究的全部，最终脱离了乡土建筑的其他类型和整体系统。乡土建筑聚落的综合价值要远比个体建筑大，不可比拟。

也就是说我们对于乡土建筑的研究必须从个体或类型的研究，转到乡土建筑的系统性研究上来，我们所采用的方法是，不仅研究民居而且研究民居形成的自然环境与条件，研究它的历史源流，以及它与其他类型建筑的相互关系。因此，研究、保护或评价乡土建筑的基本价值，当然是它综合的总体价值。这种价值必须具备两点。一是真实性，它主要是指认识上的正确性和对历史真实性的基本责任感。二是健康性，它主要是指对乡土建筑完整性及建筑的情感价值的负责，不可扭曲和失去人们对于乡土建筑的精神寄托，使建筑变成虚假和不负责任的怪物。

从这个意义上讲，建设很可能毁掉我们的乡土建筑。目前很多乡村似乎看到了传统建筑的价值，看到一些古村落的开发为其赢得收益，又借着政府对于建设社会主义新农村的要求，开始新一轮的农村建设。这使得我们产生了很多隐忧。许多乡村的开发与建设，并不是站在对乡村文化的整体认识上，也没有认识到乡土建筑、乡土文化的真正价值，认识到的仅仅是一般意义上的即相互低水平抄袭的所谓旅游价值，做一些十分表面的建设，甚至是"包装"之后便开始了"推销"。有些乡村的领导者倒是比他们务实，要让乡民们住上楼房，拆掉老房子老街道，而新建起的房子却十分粗鄙，更不曾考虑乡村建筑的整体性与系统性。这就要求新农村的建设者、开发者一定要有原则地坚守一条界线。万不可让乡土建筑在新的建设中受到伤筋动骨的损害，而应该面对新的需求，再造乡土文化新内涵。

那种一成不变的所谓保护、事实证明是有问题的，随着时代的发展，乡村的生产及生产工具已发生了很大的变化，你要用拖拉机、要用机动车，兴修水利、运输物资，乡民有钱了也要购买小汽车，显然，以前的乡村路道及桥梁设施已不适应。旧时的消防、医疗系统也在展示中被破坏或被更新，乡村如若着火、乡民如若生病又如何进出？自然，乡村道路的改造是一个问题。诸如此类的问题很多。在我对乡村进行考察的过程还有按"国土法"的规定，乡民要建新房，必须在其原有的宅基地上新建，这就意味着，他必须将旧房拆掉而后重建，然而当乡村被定为文保区域，那么在旧址上拆房新建是不符合"文物保护法"的。这些

问题，应尽快解决。

传统的乡村、聚落，是单体建筑的总和，是一个较为完整的空间系统，这个系统展现了村落的真正面貌。新的乡村建设也同样要建构这个系统。在考察与研究中，我们高兴地看到在民国初年随着商业、手工业发展的历史性转型中，不乏有一些清晰的价值认识与判断，勾勒出一个综合性、整体性较强的建设格局。可惜的是这种认识以及这类建筑都被终止了。然而它的建设与尝试在今天看来是恰当的和正确的。这种恰当的尝试应该归功于当时的建设者对乡土建筑的保护与再建有着明确的认识价值及情感价值。

3 如何面对新的发展问题

从传统乡土建筑的系统性研究中我们可以看出，村落有其自身的结构，新的建设也应源于其自身的结构，并由村落、建筑内部及聚落系统内部繁衍所积累的空间形式或建筑"模式"发现或形成新农村的真正秩序，并将这种秩序在各方的努力下使它有机的、逐渐的成长，最终也将获得那些让我们留下最难忘记忆的乡村中所体验到的系统和有机的感觉。下面我们从新农村建设的特征问题和不同经济条件下的策略，分析我们所面对的问题。

新农村建设的特征问题，在改革开放的近四十年中，普遍地存在于中国的各中小城市，使得今天的中国中小城市形成了没有个性，近乎千篇一律的结果。这个教训应该在新农村的建设之初就得到充分的重视。

在过去的许多年中，西方现代主义思潮对中国的城镇建设产生了很大的影响，那些对实用、技术的过分追求，导致了僵化的功能主义，使城镇建设逐渐偏离了特定城镇的文化背景和历史背景，没有真正认识和处理好开放的世界与场所、城镇之间独特与多样的意义。人们逐渐认识到现代主义在确立自己的方法、哲学时，疏忽了人文和自然的因素，使城市的道路、边缘、区域、节点与标志的可识别性几乎雷同，这种雷同的物质环境，更加深了人们对于个性压制的反抗。我们认为构筑一个城镇和村落的特色主要有以下几个因素。

一是新农村建设的经济基础和政治因素，这对新农村建设的可能性和建筑形态具有很大的影响。在不同的社会制度和不同的生产力水平中，村落的建设必定会有着显著的差异。就社会制度、宗教信仰而言，村落是能够清晰、彻底地表达这种制度与信仰的，并依赖于此，建构居民的生活和社会模式。

然而，任何一种村落模式的建构，又必然要以其经济能力为基础，以其经济力量为出发点。当然，对于有些贫困地区，政府投资和个人经济状况都是有限的，要在新农村建设中实现理想，就更应务实地深入研究，找出出路来。在这方面也有不少成功的案例。

在20世纪50年代，埃及建筑师们就开始选择穷困的乡村，有计划地尝试为乡民们建筑新的家园。建筑师们认为传统不会阻碍他们的创造，相反，在传统建筑中处处闪耀着人类的智慧及无限的想象力。这种智慧以人类最生动的生活为依托时，它将比任何其他形式的智慧更具光彩。建筑师们选用当地的泥土来作为主要的建筑材料。在做法上他们以当地传统的以泥土为材料的构筑建筑的方法为主，并吸取当地传统文化。他们把这一切都看作是当地乡民们生活的依据，同时他们也将其视为是他们建构新建筑的艺术源泉。他们的尝试取得了成功。也为我们提供了可参考的案例。

二是新农村建设的村落性质因素，随着经济的发展和社会分工的不断专门化，使得许多地区、乡村甚至国家从战略角度考虑，形成了各种职能鲜明的乡村与区域，如工业、旅游、农业、农产品加工、水果、养殖等，并逐步形成相互补充和合作共生的格局。由于这种职能的不同，在村落的建设与战略思考上自然也有很大差异。在建设中我们不仅要对有着共同职能的村落做类型的共性研究也要具体分析其共同类型的不同形成和自然条件的个性差异。

三是新农村建设中的自然因素，我们的先民们早在村落选址时就已经充分地考虑到了自然环境与人生活的依存问题，背山避风、借河灌溉，又利用自然条件修建了预旱、防洪等设施。历经千百年，已有一整套因地制宜的生产、生活方略。在新农村建设中一定要深入研究其已有的人和自然的关系，不可因为今天的科技水平提高了就认为许多问题都可以依赖科技手段解决。在这方面失败的教训也很多，在对许多村落的考察中，常常可以看到这种不深入了解，不具体分析，轻视自然而导致的失败案例，轻者造成浪费或污染，重者付出了生命的代价。

四是新农村建设中的人文因素，一方水土上人们的生活习惯、文化背景、历史沿革造成了一方特有的人文因素。这种人文因素在今天的建设中尤为值得重视，它既是当地村民的生活习惯、生活要求，也是对建设者的考验与要求，更是未来村落健康发展的前提。如果我们没有对村落的人文因素、聚落的特有生活方式、历史背景和生活结构进行深入的理解、研究和判断的话，那么我们新建设的村落就会成为表现处处可见、平庸、乏味的村落。但愿这种情况在改革开放后近四十年的社会主义新农村建设中少出现甚至不要出现。

"设计形态学"与"第三自然"

清华大学美术学院　邱　松

摘　要："设计形态学"是门基于"形态学"研究的设计基础学科。"形态"既是研究的主要对象，也是与其他学科连接的重要纽带。数量纷繁、百态千姿的"形态"通常被分成两类：一类是源于"第一自然"的"自然形态"；另一类是来自"第二自然"的"人造形态"。这两类形态也正是"设计形态学"的两条学习途径和重要研究领域。随着科学技术的快速发展和人类认知能力的不断提升，由"智慧形态"构筑的"第三自然"也逐渐揭开了神秘的面纱。她的闪亮登场，无疑为"设计形态学"的研究开辟了新领域，提出了新挑战。

关键词：设计形态学；形态；第三自然

伴随着社会的发展和科技进步，"设计学"的内涵和外延都在悄然发生变化。作为"设计学"基础性研究学科，"设计形态学"理应与时俱进，与"设计学"保持同步，共同迎接新的挑战。在客观世界中，知识的总量是固定的，不同学科都会根据自身需求圈定相应知识范围，确定学科边界。然而，在当今创新意识的驱使下，众多学科都在不断调整、发展，并相互融合，学科边界逐渐变模糊。因此，针对新学科，确立学科的核心理念和发展目标，建构完整、科学的思想体系是至关重要的。"形态"既是"设计形态学"研究的主体，同时也是其他学科的重要研究对象。有趣的是，大约60%的学科专业研究都与"形态"有关。那么，"设计形态学"的研究内容应该包括哪些？核心理念和最终目标是什么？

1 "设计形态学"的定义和研究范围

"设计形态学"是专门针对设计领域"形态学"研究的学科。其内容主要是围绕形态的"造型规律"和"创新方法"进行的实验性研究（理论与实践结合），涉及的范围既包括形态固有的功能、原理、结构、材料及工艺等科学知识，也涵盖了形态承载的视觉、知觉、心理、情感、习俗等人文知识。它以形态研究为基础，通过"造型"将诸多相关知识整合起来，运用"设计思维与方法"系统、科学地进行形态研究与创新。"设计形态学"也是"设计学"重要的学术研究平台，它不仅关注以"造型"为核心的设计基础研究，也十分重视基于"造型"研究成果上的设计应用研究。此外，"设计形态学"还十分注重造型的过程研究，强调在过程中认识和理解材料、结构及工艺对造型的影响和制约，系统学习和掌握相关的理论知识和技能，并将"设计思维与方法"贯穿于整个研究过程中。通过该过程的研究与实践，既是对设计方法的灵活运用和检验，也是对生产方式的深入理解和认识。"设计形态学"不仅有利于提升"造型设计"的理论研究水平，也为原创设计的方式、方法研究奠定了基础，拓展了新途径（图1）。

这些年来，我们团队围绕"设计形态学"展开了多种形式的教学实践和学术研究工作，并取得了众多可喜的研究成果，有力地促进了"设计形态学"的建设与发展。尽管"设计形态学"还未形成完整的理论体系，研究内容和

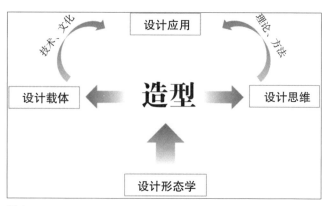

图1

范围也在探索之中。但是，基于对国际设计研究前沿成果的了解，以及设计同行和其他学科专家对该研究方向的肯定和期望，相信"设计形态学"会成为设计学与多学科交叉的重要研究方向。

2 "设计形态学"与"第一自然"

"第一自然"是指我们非常熟悉，但未被人类改造的天然生态系统。该系统以"自然形态"为主体，依照自身内在规律在运转、协调和发展。"自然形态"可分为有生命自然形态（生物形态）和无生命自然形态（非生物形态）。不管哪种形态，即使外部的影响再强大，它们仍然会严格地遵循其内在的生长、生存规律去发展、变化。

"生物形态"是最亲近人类的形态，更是人类的朋友。"生物形态"都有自己固有的形态特征，并按照既有的生长规律繁殖、生长和消亡。一般认为：生物的"形态"是与它们的习性和生长环境密切相关的，并在进化过程中不断完善。然而，《未来简史》的作者尤瓦尔·赫拉利却提出了完全不同的观点，他认为"生物都是算法，生命则是进行数据处理"。此观点也得到了生命科学专家的肯定，并给予了实例佐证。因此，"生物形态"之所以能呈现千姿百态的形态特征，其背后原因（本质规律）非常值得我们研究。这些年来，我们针对动物、植物分别进行了多课题研究，通过与其他学科合作，取得了鼓舞人心的成果。例如在研究水生植物"水葫芦"时，发现"水葫芦"的截面形状均呈"泰森多边形"，通过多种实验发现"泰森多边形"虽然不如蜂巢的六边形漂亮，但其受力表现却非常优异，能够抵御任何方向的受力，并可呈现多样化的造型。通过进一步研究发现，"泰森多边形"实际上是"生物形态"的普遍存在形式。其原理是众多球状细胞在有限的空间内生长，它们不断扩张、相互挤压，当彼此达到极限时，便形成了稳定的形态——泰森多边形。这种结构十分牢固，且受力极佳，是生物形态中最优化的结构之一。如果这种结构广泛应用于建筑、桥梁、机械等的结构中，不仅能够大大提升承载效能，还能使造型焕然一新。

与生物形态相对应的是"非生物形态"，尽管它不像"生物形态"那样有确定的寿命和不断生长、变化的姿态，但其存在形式也同样千变万化、多姿多彩，而且在一定条件下还能相互转化。实际上，我们所见的高山大海、沙漠平川不是一成不变的，它们都会随着地球运转和地壳运动，以及日照风雨的侵蚀随时发生着变化。这些数量众多、形态各异的"非生物"是以十多种不同状态存在的。通常条件下，能呈现固态、液态、气态、非晶态、液晶态这五类状态；特殊条件下，还可观察到等离子态、超离子态、超固态、中子态、超流态、超导态、凝聚态、辐射场态、量子场态、暗物质态等状态。这些非常态下的物质状态并非只呈现于实验室里，实际上，它们早已广泛地存在于宇宙

中！当然，"非生物形态"也有自身的生存之"道"，那么，如何能将其揭示出来为人类造福呢？例如我们曾经做过"风环境下沙漠形态研究"课题。通过深入观察分析和简易风洞试验，终于发现了沙漠"典型形态"与风之间的关系，并科学地揭示了沙漠"典型形态"的成形规律。在该研究成果的启示下，还针对各种通风管孔、台风灾区建筑、汽车外置行李箱，以及各种吹奏乐器的造型进行了研究，并获得了相似的结果，从而验证了最初研究成果的可靠性。不过，这只完成了研究课题的第一部分——设计研究，研究课题的第二部分——设计应用是在之前的研究成果上，通过设计思维进行联想、发散，最终，我们筛选出了"油烟机"设计选项，通过设计深化和样机验证，结果令人欣喜！新款油烟机不仅降低了噪音和能耗，提高了抽油烟效果，而且造型突破了传统油烟机模式，流线造型非常现代和时尚。

由于条件所限，实际上人类仅认识了"自然形态"的一小部分，而大多数仍未被发现和了解。宇宙中的"自然形态"可谓浩如烟海，因此人类的科学探索之路还十分漫长，"设计形态学"研究也任重而道远。

3 "设计形态学"与"第二自然"

人类之所以能从众多生物中脱颖而出，是因为拥有其他生物所欠缺的优秀品质——创造才能。人类并不愿完全依赖大自然，任由其摆布，相反，在探索和研究"自然形态"的同时，也在不断模仿和创造"人造形态"。这些"人造形态"有的是用生物材料制作的，有的是用全新的人造材料创造的。巨量的"人造形态"逐渐构成了一个新的生态系统——第二自然。

"第二自然"的主角换成了"人造形态"，它的上位历经了模仿自然、消化吸收、创新发展等阶段。从人类诞生开始，人们就学会了创造和生产"人造形态"，该过程不仅从未间断过，而且还在加速发展。"人造形态"的创新与发展得益于两方面：一是科技创新，二是设计创新。人们通常认为"设计创新"的历史会晚于"科技创新"，其实正好相反，"设计创新"的历史几乎与人类的发展历史相同，因为"设计"是为了解决人类生活中遇到的各种问题和需求。考古发掘的远古时期石器、陶器、骨针、洞穴等就能充分证明这一观点。尽管人类早在250万年前就学会了制作石器，然而，从当今社会发展的趋势来看，"科技创新"显然起到了加速器的作用，在人工智能和生物科技等先进技术助推下，"人造形态"不管是在数量上还是品质上，均达到了前所未有高度。当然，更理想的方式是将"设计创新"与"科技创新"整合于一体，形成更加强大、意义深远的"协同创新"。

从"第一自然"过渡到"第二自然"的进程中，人类经历了两次重大的变革，一次是发生在12000年前的

"农业革命"，另一次是发生在距今仅 200 年的"工业革命"。经过两次产业革命后，特别是工业革命后，"人造形态"如雨后春笋，数量激增。"人造形态"也是"设计形态学"的重要研究和学习对象。通过研究发现，"人造形态"的主要任务是帮助人类解决基本生存问题；改善和提升人类有限的能力；促进人类进行社会交往；协助人类有序地管理社会；助力人类实现健康长寿；引导人类探索未知世界。由此可见，"人造形态"几乎涵盖了人类生活的各个方面，目的就是服务于人类。这里需要注意的是，"自然形态"和"人造形态"虽然分属第一、二自然，但又同属同一个空间（仅限于地球及周边）。一方面，人类的需求欲望与日俱增；另一方面，自然生态需要平衡发展，因此，两者将不可避免地产生激烈冲突。我国古代智者很早就发现了这一严峻问题，并非常智慧地提出了"天人合一"的哲学思想，这无疑为"人造形态"的发展指明了正确方向。近年来，我们的许多研究课题已开始注重"第一自然"与"第二自然"的和谐发展，如沙漠人居改造、海洋生态建设、都市空气净化、清洁能源回收等。在该理念引导下，研究课题不仅取得了良好社会效果，还受到了专家们的好评，作品也频频获奖。如会呼吸的灯、都市鸟岛、新型水质监测仪、Sand Babel、Coral Kaleidoscope、Earth Ring、Super Beetle、The Third Eye、Wind Capsule、Green Urban Furniture 等均有获奖。

研究"人造形态"不同于"自然形态"，其重点应该放在创造者的思想与理念上，否则，研究工作只能停留于事物表面，而不能抓住其实质。针对第一、二自然的研究，如同"设计形态学"的两条腿，不仅需要彼此借鉴、学习，更需要相互协调、促进。暂且不谈"第一自然"还有数量庞大的"自然形态"未发掘，由于人类的快速发展，"第二自然"中的"人造形态"正如火山喷涌，势不可挡。

4 "设计形态学"与"第三自然"

当 Alphago 相继战胜世界顶尖围棋高手李世石、柯洁，并一举击败想为柯洁"复仇"的 5 位九段国手集体围剿后，世人真的惊愕了！以前人们还在煞有介事地喊狼来了，这回狼真的来了！人工智能（AI）真能全面超越人类吗？将来人类真会大量失业吗？此外，科学家推测，人类所能看到的物质不超过 5%，剩下的是暗物质（约 27%）、暗能量等，这似乎又颠覆了我们通常的认知，原来世界上还有那么多未知的东西啊！一时间，大家开始对未来感到迷茫，甚至产生莫名的恐慌。

凯文·凯利在其热销的著作《失控》中明确提出了人造物与自然生命的两种趋势：一、人造物越来越像生命体；二、生命变得越来越工程化。这无异于"点化"了第一、二自然的未来发展趋势，其主体将会由"已知形态"向"未知形态"转变。那什么是"未知形态"呢？目前还难以界定，

大概是基于先进科技创造的新形态，以及原本存在、但未探明的形态，这里暂把它们统称为"智慧形态"吧。这样一来，由"智慧形态"构筑的、新的生态系统便逐渐浮出了水面，即第三自然。

"第三自然"不同于第一、二自然，其主体"智慧形态"可能都是大家感到陌生和未知的形态，然而，它们却是"设计形态学"未来研究的主要对象。作为设计研究人员，工作重点不应只停留于"已知形态"的研究与应用，更应关注"未知形态"的探索与创新。因此，未来的研究方向必将聚焦"智慧形态"。"智慧形态"大体被分为两类，一类是已经存在于"第一自然"中，但人们并不了解的形态，如暗物质、暗能量等；另一类则是源于"第二自然"，借助人工智能、生物工程、量子工程等先进技术创造的新形态，如新的物种、量子产品等。

也许有人认为人类对"第一自然"已经非常熟悉了。其实不然，从宏观看，面对茫茫的宇宙，人类的足迹才刚刚涉足月球，更别奢谈冲出太阳系、拥抱大宇宙了。宇宙中的物质形态和存在形式，可能是我们地球人无法想象的：黑洞可以轻易改变光的方向，中子星的密度可达到 10 亿吨每立方厘米，超高温等离子云气包裹着星球表面，暗物质、暗能量到处充斥。更不可思议的是，如此庞大的宇宙，却能以非常复杂、高效而有序的系统运转着，仿佛有双隐形的巨手在操控这一切。不仅如此，科学家还发现，宇宙并非处于相对静止状态，而是在加速膨胀！那么，让宇宙产生加速运动的动能从何而来呢？这的确让人匪夷所思！即使把视野缩小到地球范围，人类认知的事物仍然十分有限，如海洋深处、地球内部，甚至物质最基本的单位都还知之甚少。我们至今还未找到确凿的证据，并用科学的逻辑来解释宇宙、地球、生物和人类的起源，况且它们还在不断地发展、变异和进化着。将来的"智慧形态"可能与现在的"自然形态"、"人造形态"差异极大，因此，在研究"第三自然"时，需要用发展的眼光去看待事物和问题。

最近，有现代"钢铁侠"之称的特斯拉 CEO 马斯克，与互联网少帅 FACEBOOK 创始人扎克伯格针对 AI 隔空打起了"嘴仗"。从而拉开了 AI "末日论"与"光明论"的争论序幕。尤瓦尔·赫拉利在《未来简史》中曾预言："智能正在与意识脱钩，无意识但具备高智能的算法，将会比我们更了解我们自己"。他甚至还认为"正如第一次工业革命使得城市无产阶级出现，人工智能的出现会出现一个新的阶层，就是无用阶层。随着 AI 变得越来越好，有可能 AI 会把人从就业市场当中挤出去，对于整个社会的经济和政治都会产生革命性的影响"。倘若到了那一天，人类或许真的无所事事了。此外，"生命科学"发展也十分迅猛，当科学家解开基因的奥秘后，基因克隆、重组、编程等将不再是天方夜谭，而新物种、新形态的诞生也不会

遥遥无期。其实，"形态学"一词是源于"生物学"的，而"生物学"也是与"设计形态学"联系最紧密的学科之一。有位生物专家告知，现代"生物学"的工作几乎都是基于"形态学"展开的，生物研究者的工作则是揭示"形态"之下的基因秘密。其实，"智慧形态"还不局限于此，近来，另一个被热议话题是"量子信息技术"，它的诞生标志着"第四次工业革命"的到来。"第四次工业革命"是继蒸汽技术革命（第一次工业革命）、电力技术革命（第二次工业革命）、信息技术革命（第三次工业革命）的又一次全新技术革命。"量子"是能表现出某物质或物理量特性的最小单元。绝大多数物理学家将"量子力学"视为理解和描述自然的基本理论。量子理论的提出为我们研究纷繁复杂的"形态"打开了思路，也为"形态"本质规律的研究提供了重要依据（图 2）。

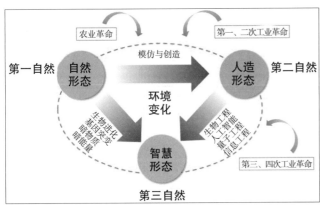

图 2

近年来，在"设计形态学"的引领下，我们团队的工作重心也在由"已知形态"的研究逐渐转向"未知形态"的研究，设计应用方面也在由关注"当下设计"，转向了聚焦"未来设计"。令人欣慰的是，在大家的共同努力下，已完成了众多具有前瞻性的设计课题，并屡获大奖。"第三自然"概念的提出，不仅为"设计形态学"清晰地勾画出了未来的研究对象，而且还帮助梳理出来了未来发展的脉络，并让设计研究能始终走在时代发展的前列。在先进科学技术强有力的支持下，在充满智慧的设计同仁的共同努力下，相信"第三自然"将会成为"设计者乐园"和"人间的天堂"。

参考文献

[1] 卡普拉 . 物理学之道 [M]. 北京：中央编译出版社，2012.

[2] Paul Hawke 等 . 自然资本论 [M]. 上海：上海科学普及出版社，2002.

[3] 爱德华·威尔逊 . 知识大融通 [M]. 北京：中信出版社，2016.

[4] 丹尼尔·平克 . 全新思维 [M]. 北京：北京师范大学出版社，2006.

[5] 波普尔 . 科学知识进化论 [M]. 北京：三联书屋，1987.

[6] 凯文·凯利 . 失控 [M]. 北京：新星出版社，2010.

[7] 麻省理工科技评论 . 科技之巅 [M]. 北京：人民邮电出版社，2016.

[8] 斯蒂芬·霍金 . 宇宙简史 [M]. 北京：译林出版社，2012

[9] 尤瓦尔·赫拉利 . 未来简史 [M]. 北京：中信出版集团，2010.

城市景观传统与现代风貌的契合

——以天津市五大道为例浅谈城市核心区历史风貌建筑景观的保护性开发

天津美术学院　彭　军　高　颖

摘　要：文章通过对天津小洋楼地域景观的物质性和人文层面的深层次挖掘，参考英国文物保护和利用的经验，结合天津小洋楼地域景观的保护性开发，阐述了保护遗产不应仅仅局限在"风貌"，而应使遗产在其价值不受损害的情况下，从城市、区域等多个景观尺度上综合考虑其保护规划与设计，并能使其在当代生活中发挥积极作用。

关键词：景观尺度；文化遗产；小洋楼

0　序言

历史风貌建筑不可简称为风貌建筑，它是天津市关于保护历史建筑的法定名词，按照《天津市历史风貌建筑保护条例》中定位，历史风貌建筑是指"建成50年以上，在建筑样式、结构、施工工艺和工程技术等方面具有建筑艺术特色和科学价值；反映本市历史文化和民俗传统，具有时代特色和地域特色；具有异国建筑风格特点；著名建筑师的代表作品；在革命发展史上具有特殊纪念意义；在产业发展史上具有代表性的作坊、商铺、厂房和仓库等；名人故居及其他具有特殊历史意义的建筑"。而历史风貌建筑集中的街区称为历史风貌建筑区（图1）。

在中国城市发展史上，600年的城市是年轻的。天津作为国家级历史文化名城，没有北京、西安、南京等古都的显赫地位，也没有扬州、苏州、开封等古城的辉煌文化，天津的价值在于近代百年与西方文明的对接，鸦片战争后中国发生的重大历史事件大部分能在天津找到痕迹，因此在中国史学界，素有"五千年看西安，一千年看北京，近代中国看天津"的说法（图2）。

1860年鸦片战争之后，天津被迫开埠。从这时起，英、法、美、德、日、俄、意、比、奥匈等9个国家先后在天津设立租界，最后形成了九国租界汇集海河两岸，总计占地23350.5亩（约1557.5公顷）的格局，使天津成为近代

图1　天津鞍山道的"瓷房子"建筑

图2　天津津湾广场

14

史上与西方文化撞击、融合最广泛、最前沿的城市，天津也因此拥有了一大批价值极高的历史风貌建筑。包括马场道、睦南道、大理道、重庆道、成都道在内的天津"五大道"驰名海内外，该地区作为天津租界市政园林和民居建筑的典型代表而别具特色，"五大道"已经成了天津小洋楼的代名词（图3）。

图3 天津原意租界的别墅建筑

近些年来我国城市建设高速发展，城市面貌焕然一新，城市不断建造着越来越高的楼房，但同时不少城市独特的人文历史积淀被简单的高楼化所吞噬，城市的文化被欲望的洪流所淹没，城市的特色被摧毁。在这样的背景下，居身城市核心区域的历史建筑不应该是城市发展的绊脚石，而应当把它当成是城市发展的不竭动力与文化资源，融入经济社会发展，成为一个城市最令人向往的地方。避免历史性城市文化空间的破坏、历史文脉的割裂、社区邻里的解体，最终导致城市记忆消失的悲剧。

本文正是以对最具代表性的天津五大道历史风貌建筑保护性开发为例，去探寻在城市建设发展中促进历史文化的可持续性保护，使历史文化成为历史文化名城发展的永恒动力，在新时期焕发新的活力，创造更灿烂的地域文化。

1 天津"小洋楼"建筑的形成

天津的西洋古典建筑是鸦片战争之后，外国势力的侵入，天津被迫开埠逐渐出现的。随着针对外国人反抗活动的增多，西式楼宇纷纷在本国的租界地内建造。九国租界并存同一城市，在世界城市的发展史上是空前的，九国租界遗存的历史风貌建筑及其建设过程中派生的多元文化，也成为今天城市建设中不可忽视的历史文脉和宝贵的文化资源。大规模的租界建设，使得西洋建筑文化和技术涌入天津，天津的建筑从中国传统形式走向了中西荟萃、百花齐放。

近代中国鸦片战争、军阀混战、清王朝覆亡，清室的遗老遗少来到天津，大大小小的政客们携家眷也来到天津

租界。他们拥有大量资产，又需要显示权势身份，更重要的是在动荡不安的年代，任何势力都不可能也不敢把触角伸到外国租界，于是这里便成了中国北方最大的"安全岛"。而他们所建的花园别墅和西式住宅，便被统称为"天津小洋楼"。简单的说，"小洋楼"是中国的达官显贵修筑的外国房子（图4）。

图4 天津原英租界的别墅建筑

从"洋楼"发展到"小洋楼"是天津近代建筑发展脉络。小洋楼的本土化进程，也是东西方文化被迫交流融合的过程，小洋楼代表的异质文化逐渐变为天津地域景观文化遗产的一部分。小洋楼景观是昔日天津一个重要的居民社区，是近代中国殖民地半封建社会状态下东西方文化交流的一个典型载体，是天津文化开放的象征，中国近代文化认同危机的代言人，也是近代天津历史和文化的缩影。从历史角度看，它是西方入侵的证据。天津的小洋楼景观，渐渐凝固成天津的一种城市地标。

2 "小洋楼"建筑的形式特征

"小洋楼"饱含着天津的人文历史，凝缩了中国近现代史的重要篇章，记载着天津城市的时代变迁，构筑了天津城市的独特风格，是城市文化的重要载体，是宝贵的历史文化遗产和城市资源。天津文化源远流长，有着丰厚的文化底蕴。海河、海洋孕育和发展了天津文化，构成了开放性、包容性、多元性的显著特征。把小洋楼归纳起来主要有以下几个特点。

2.1 建筑艺术形式纷呈

西方人和少数有权势的中国人自19世纪到20世纪初营造了"小洋楼"建筑群，各国租界里的建筑各自为政，单体建筑个性强，建筑风格迥异，不但营造自己风格的建筑甚至连同本国的城市规划也一并搬到了租界里。建筑艺术风格的跨度大大超过了租界的年龄。中国富人不拘泥于西方的建筑格式，结合天津本土建筑习惯和东方文人的隐喻心理衍生出具有折衷主义风格的小洋楼。

正是这种从个人喜好出发的对中外建筑符号的洒脱运用，反而给建筑师们更多自由发挥的空间，构成了小洋楼千楼千面的个性，但我们仍然可以从历史的断代看到小洋楼地域景观文化的内在逻辑。由于受中国传统建筑和西方建筑思潮的双重影响，形成了中国传统建筑、古典复兴建筑、折中主义建筑、现代建筑等不同风格建筑共存的局面。它们相互辉映，共同形成了天津独特而又丰富的城市空间和景观（图 5、图 6）。

图 5　天津原法租界的法国工商学院主楼（现为天津外语学院主楼）

图 6　天津原法租界的法国教堂（现为天津西开教堂）

2.2　建设年代集中，各类建筑相对集中

天津 60% 的历史风貌建筑是在 1900 年～1937 年这不足 40 年的时间里建成的。

同时迫于当时人民内部自发的反抗运动，外国人在津的建筑大都囿于各国的租界境内。中国传统建筑集中在老城厢和古文化街一带，建筑规模宏大的金融建筑主要集中在解放北路一带，被称为"金融一条街"；商贸型建筑主要集中在和平路及估衣街、古文化街一带；居住建筑主要集中在老城厢、河北区"一宫"、河西大营门、和平五大道地区及中心花园附近；仓库建筑则集中在海河沿岸。这就形成了如今小洋楼"聚居"的特点，在地域景观的视觉层面上形成个性鲜明、视觉统一的特点（图 7）。

图 7　1915 年天津租界图

2.3　相对封闭的格局

天津五大道小洋楼的区域特色之一是建筑的私密性构成深邃和幽静的氛围。这里的住户无论是军政要人，还是没落清王朝的达官显贵。在当时吉凶难卜的社会背景下全都希图安逸、不事张扬。这种心理外化在五大道的环境形象上，最为明显的是院墙全是实墙，很少使用栏杆，房屋的尺度宜人，均控制在三成左右；隔院临街，院中花木掩住里边的楼窗。内里的装潢则各显乾坤，极尽骄奢淫逸之能事（图 8）。

3　"小洋楼"建筑的保护性开发的重要性

天津小洋楼景观作为中国近代沧桑历史的证据，作为中西文化交流的见证者，集中了丰富的历史文化遗产和具

图8 天津原英租界的公寓建筑

有悠久的历史文化传统。不仅承载着近代历史遗产物质方面的意义，也是该区域人文环境的载体，是人们生活方式的重要部分。历史在这里留给我们的绝不只是一栋栋房子，更是一种历史人文的气息（图9）。在特定的历史时期和社会形态下，天津的小洋楼由于政治地缘的敏感性，是清廷遗老遗少政客军阀名流的"世外桃源"。如此之多的上层人物汇聚于此，在中国近代史上绝无仅有的天津有着其他地方不可比拟的人文资源。

适当的修复开发模式，可以为历史风貌建筑带来新的生命。使这些历史性的建筑重新和人们的生活结合在一起，将人对历史风貌建筑的记忆延续，而建筑物本身似乎也以另一种面貌延续着其生命周期。对小洋楼的保护和对其内

涵的深层次挖掘，对于继承和发扬民族优秀文化传统、增强民族自信心和凝聚力、促进社会主义精神文明建设具有重要而深远的意义。

4 英国保护传统建筑的先进做法

保护文化遗产的核心在于保护其真实性，即确保其历史和文化信息能完整、全面、真实地得到传承。以英国的传统建筑保护为例，在历史地段保护的理念上早已完成了由"旧城改造"向"整治旧城"的转变，更是从城市规划的层面上解决了新旧城区的矛盾。

英国17、18世纪的建筑在二战期间，遭到德军猛烈轰炸，大部分历史建筑遭到摧毁。现在城中"二三百年"历史的建筑，大部分都是依据历史资料重新建造的。在外观上采用传统的工艺进行复原外部，重现当年原貌。在修复遗迹时，特意将战争带给城市建筑的"伤疤"留在墙上展示，警示后人。英国人对待历史的态度在城市古迹修复中体现得淋漓尽致。

文化遗产是滋润现代科学、教育、文化和民族自尊心的源泉，任何对文化遗产的破坏和丢弃，都将导致精神的贫乏和历史记忆的缺失。所以，保护文化遗产，我们应该在社会发展、经济建设和保护历史环境三者之间寻求平衡。如英国一方面把保护历史文物和遗产作为一种产业，另一方面对其保护有着完善的法律、法规和一系列配套的实用措施。如法律明文规定，历史文化遗址和国家公园是供国民欣赏的场所，也是激励国民爱国主义情操的宝地，必须给予严格的保护，以供国民世代享用。为此，政府严禁在上述地址修建索道，并限制以纯商业利益为目的的旅游开发。强有力的保护措施极大地促进了以历史文化遗产为重点的旅游业的发展。这些经验均值得借鉴（图10~图12）。

5 中国急需解决的问题

中国文化遗产保护经过几十年来的研究，已经形成了一整套独具特色的保护理论，包括基于"修旧如旧"、"不

图9 孙殿英旧居

图10 英国伦敦大学玛丽女王学院

图 11　英国伦敦国会大厦

图 13　天津五大道中 20 世纪 70 年代建筑

图 12　伦敦中心街区的都铎时期建筑

图 14　天津五大道小洋楼拆毁现场

改变文物原状"等保护原则的具体文物保护理论。但文物保护工作面临着诸如资金、人才、执行、保护与开发矛盾等困难。天津小洋楼景观在保留、保护、整治等方面多有遗憾之处。

新老建筑良莠不齐。中国成立后兴建的建筑占到总数的 20%，其中不乏中国成立初期为解决住房问题兴建的"经济适用房"，大部分已嵌入社区的机理中。现在应对违章建筑和"有碍观瞻"与整体氛围不协调的建筑时，应采取小规模渐进式的"微循环"整治加以改善。这样既有利于保护传统特色，也有利于维护原有社区结构（图 13）。

保护意识淡薄。对幸存下来的遗迹进行着有意无意的人为破坏，目前天津就有以局部牺牲历史文化遗存为代价，换取眼前的经济利益和规模效益，在遗产保护和房地产开发中，一方面对历史文化遗迹进行破坏，另一方面又热衷建造假古董，搞一些不伦不类的人文景观（图 14）。

道路系统不完善。小洋楼集中的区域处于市区的繁华地段，中国成立初期缺乏从交通路网的层面对小洋楼景观遗产的保护意识，致使小洋楼地域相当部分的路网承担着

交通分流的重任。部分的城市二级道路与其所处区域连通，破坏了原有路网格局和街巷肌理。加之当初各国租界地各自为政，自发性营造取代统一规划，路网设置的缺欠满足不了现代交通的负荷。拥堵的车流和熙攘的人群与当初小洋楼景观深邃和幽静的氛围格格不入，历史和文化信息在滚滚的车流下错位（图 15）。

图 15　天津五大道街区交通现状

缺乏规划层面下的遗产保护意识。小洋楼区域的人性化尺度淹没在城市巨大的尺度中，深邃和幽静的氛围被面目狰狞的现代主义的庞然大物围剿。现代城市建设和小洋楼地域的关系问题突出。历史地段的文物遗产似乎成为城市建设的包袱。小洋楼地域景观需要从城市、区域等多个景观尺度上综合考虑其保护规划与设计。"保护旧城，建设新区"有利于协调保护与建设的矛盾，两者相得益彰（图16）。

图16　天津"五大道"街区建筑景观现状

整齐划一的弊端。现代主义急功近利的地标建筑不足以显示一个人文城市所应有的个性，整齐划一的街道规划奠定不了一个城市的基调，只能让人厌恶城市。一个城市是否有特色，更多是由不同历史地段和普通建筑环境所传达的"场所精神"的多样性决定的。这种"场所精神"是人们多样生活内容的物质反映和历史积淀。复杂的街区结构、多样的空间形态、多元的民居生活是城市历史地段所共有的要素，这是因为历史地段的形成一般都经历了一定的历史积淀和时间磨砺，种种来自地段内部或外部的因素都会在外在或内在的历史地段形成过程中给予其影响。同时，在同一文化心理的影响下街区的各种建筑或景观虽然形态各异但又产生了一种亲缘关系，所以凡是老街区，虽看起来往往是形态多样丰富，但又整体统一。老街区的魅力就在于它的多样与丰富总能给人带来意想不到的视觉感受，时常会有戏剧性的空间效果，让人们体验丰富多彩的生活情趣。

非物质方面的保护欠缺。保护遗产不应仅仅局限在"风貌"，而应使遗产在其价值不受损害的情况下，在当代

生活中发挥积极作用。目前天津小洋楼以公产房为主，部分充当政府机关的办公用房，还有一些为单位自管产，由一些实力较强的企业把控，其他的还有教会产和私产。在特定历史时期的文物保护方面有积极的意义。如今微观层面上的单体遗产保护已经或正在一定程度上得到解决，随着观念的转变，文化遗产保护的核心也随之转变，确保其历史和文化信息能完整、全面、真实地得到传承。所以单单从物质层面上对文物的保护已经过时，需要注入新的时代精神，让曾经的"遗产"活生生地参与到现代生活中是我们当下应该完成的任务。生活在小洋楼地域中的人们原有的生活方式、价值观念、文化习俗和其所属的实体环境，共同构成了小洋楼地域文化的全部特征。保护历史地段的历史信息，不仅要保护实体环境，同样也要对地段中人们的真实生活方式、传统心理、民俗民风加以保护，使其与物质环境共同继承下去。

均质化现象严重。目前对天津小洋楼景观区域的保护和开发有向均质化发展的苗头，这在当下经费有限的情况下不利于遗产保护的健康良性发展。针对天津小洋楼分布集中的特点，对区域内的文化景观、遗产保护进行分析整合，深层次挖掘文化遗产的内涵，抓住关键节点，并通过对这些关键点的保护形成辐射、构建网络，带动整个区域的保护工作。使文化遗产的保护工作由被动的"保"向主动的"保"、"用"并重过渡。

6　结语

历史风貌建筑是一个城市发展的历史见证，是城市精神的物质载体。历史风貌建筑的历史、文化、美学价值就在于其独特的城市肌理和组成城市肌理的历史建筑与历史环境，这些要素构成城市的历史文化风貌、独有个性特征以及城市的文化素质，这是构成现代城市核心竞争力的重要组成部分。

当今中国城市化进程，有使地域文化遗产逐步消退鲜明的个性、失去特征的倾向，"特色危机"成为城市建设中的共性问题。不少城市规划设计手法抄袭趋同，导致城市面貌千篇一律。

天津坐拥如此丰厚的历史积淀的遗产，在发展的机遇下，只有保护好这些资源并使之成为城市鲜明的名片，在此基础上的城市经济发展才会有价值，使文化遗产成为城市发展的资本，成为带动第三产业的绿色GDP。同时小洋楼景观的保护对于继承和发扬民族优秀文化传统、进行爱国主义教育、增强民族自信心和凝聚力、促进社会主义精神文明建设也会具有重要而深远的意义。

论基于地域特色的折衷主义建筑表情
——以南京近代优秀建筑为例

摘　要：文章以基于地域特色的折衷主义建筑作为论题，阐述折衷主义的概念，解读了折衷主义建筑风格的产生，以及在特定历史时期和不同地域中所呈现的形式与表情，并从这个角度探索了折衷主义建筑风格的理念与设计特点。最后以南京近代优秀建筑为例，较为深入地阐述了南京近代优秀建筑的折衷主义的形式特征，以及这些优秀建筑形式对城市的地域环境、文化环境、社会环境的重要影响。

关键词：地域特色；折衷主义建筑；形式与表情

在人类设计史或艺术史上的创造中，很多设计作品常常将既有的风格加以全新的或部分新的组合，而这就是折衷的方法。纵观建筑的历史以及建筑的创造过程，折衷主义的设计方法是值得关注的。从古典主义与现代主义以及后现代主义的理论以及发展来看，它们都或多或少借助历史风格才得以发展；现代主义与后现代主义在风格上的革新虽然与传统有着明显不同，却也同样迷失在自己的"传统"之中，这正是折衷主义所体现出的特点。

1　折衷主义的概念辨析

折衷主义（Eclecticism）是一种哲学术语，导源丁希腊文，意为"选择"，"有选择能力的"。后来，人们用这一术语来表示那些既认同某一学派的学说，又接受其他学派的某些观点，表现出折衷主义特点的哲学家及其观点。在西方哲学史上，第一个明确把自己的哲学称作折衷主义的是亚历山大里亚学派；19 世纪法国哲学家维多·古森也称自己的哲学体系为折衷主义，声称一切哲学上的真理已为过去的哲学家们阐明了，不可能再发现新的真理了，哲学的任务只在于从过去的体系中批判地选择真理。而《大美百科全书》对于折衷主义的解释是指在哲学与艺术中，从不同的体系中选取各种学理，以创造新方法或新风格。折衷主义并不赞同肓目的从过去的哲学体系中直接抓取以为今用，而是希望通过理性的思考并探寻出能否在当今采用适当的哲学的思考或实践的过程中运用折衷的方式。

近代中国文化折衷主义的初期发展于 19 世纪 60 年代，"中体西用"观念已经在中国各个阶层、各个领域流传开来。同时，中国近代思想家冯桂芬对"中体西用"这一观念进行了确定的定义。其内容涉及政治、军事、文化、经济生产等多个领域，明确承认了中国文化"不如夷"的思想。冯桂芬的主张，基本界定了近代中国文化折衷主义——"中体西用"的内涵。实际上，近代中国文化的折衷主义就是"中体西用"观念的实施与变革。无论是作为一种维护统治阶级利益的指导思想，还是作为一种经济与社会发展的指导思想，"中体西用"都是一种文化模式，是一种解决近代中西文化交流与冲突的价值选择。近代中国文化的折衷主义打破了中国千百年来以自身传统文化为中心的观念，让近代中国人学会了用全新的眼光看外部世界。从最初的排斥西方，到承认西方、学习西方，体现了近代中国人在对待中西文化冲突与交融问题上的观念变化与思想进步。

2　具有地域特色的折衷主义建筑形式与表情

折衷主义建筑是 19 世纪上半叶在建筑领域兴起的一种创作思潮，在 19 世纪末和 20 世纪初的欧美盛极一时。折衷主义为了弥补古典主义与浪漫主义在建筑上的局限性，任意模仿历史上的各种风格，或自由组合各种式样。随着科学技术的不断发展，摄影技术的出现、印刷及出版事业的发达、考古学的进展，使人们对各个时期和各个国家及地域的建筑得到了更多的了解。因此，众多的设计师们整合了各个国家的建筑风格，并充分利用到建筑设计中，产生了兼具罗马、希腊、文艺复兴等各个时期的折衷主义建筑风格。建筑师往往把折衷的设计思想重点放在建筑造型的塑造以及建筑立面的折衷主义倾向，在满足了建筑要求的基本功能的基础上，用不同寓意的符号、形状、色彩和构件去塑造建筑形态和装饰立面，使其具有一定的含义。这种随意拼接符号与形式元素的思想其实就是折衷主义态度。

其实"折衷主义建筑"早在古罗马时期就已出现，古罗马建筑繁荣的其中一个重要原因就是它直接继承了古希腊晚期的建筑成就，当时的古罗马统一了地中海沿岸最先进、富饶的地区，这地区里本来就有一些文化和建筑相当发达的国家，尤其是分布于希腊、小亚细亚、叙利亚、埃及等地的各个国家。这个广大地区统一于罗马之后，形成了他们的文化和建筑交流融合。例如古罗马的万神庙的建筑形制就体现出折衷的含义，万神庙分为门廊与主体两个部分，门廊为旧，主体为新，当叠加后产生了新与旧的折衷混合风格；罗马的斗兽场同样也是将罗马特有的拱和圆形穹窿与希腊的楣梁加以组合所产生的新风格。

中国建筑史上的折衷主义是随着鸦片战争的开始而进行传播的，鸦片战争以后，上海、广州、武汉等城市先后被辟为通商口岸，英、法、日、德、俄、美、比等国家先后进驻，西式的教堂、医院、海关、学校等相继建立，因此，折衷主义建筑是随着国门的打开而被动接受的。到了20世纪初期，受到西方现代主义设计思潮影响，"折衷主义"建筑在中国相继出现。其中，西方折衷主义建筑的克隆与传播对中国近代建筑的影响很大。这是因为集各种西方建筑风格于一体，甚至局部掺杂中国传统建筑语言的折衷主义建筑华丽新奇、引人注目，得到商业建筑的青睐。

中国的折衷主义建筑主要有两种形态，一种是在同一组建筑群中，对不同建筑类型采用不同的历史风格，如哥特式、古典式、文艺复兴式等，这些共同构成建筑群体的折衷主义风貌，营造出混杂的建筑群体氛围。如上海汇丰银行为文艺复兴式，上海海关为仿英国市政厅的哥特式，上海华俄道胜银行为法国古典式。这些公共建筑以及各式各样的风格产生了混杂的形式。另外一种是指在同一幢建筑上，混用希腊古典、罗马古典、文艺复兴古典等各种风格式样和艺术构件，形成建筑形态的折衷主义面貌。例如天津劝业场可说是这类建筑的代表性实例。劝业场塔楼上是两层穹顶园亭，造型优美，方窗与半圆形券交替使用，使立面有凹有凸，丰富多变、构图完美，形成丰富多彩的建筑风格，是当时最为典型的折衷主义建筑作品。

折衷主义建筑一般都具有一定的地域特征，不同的地域其手法以及形态的表情会有所不同。佛罗伦萨的圣劳伦佐与圣斯皮罗多两座大教堂的建筑风格可以看出设计师努力去营造古代历史与当地资产两者并存的华丽与传统的风格。建筑师采用浪漫地域主义的创作方法，从历史的作品里裁减、抽取一些形式上的元素，直接或者把它们抽象为片断的符号，然后使用在新建筑上，创造一种布景式的景观。这类建筑试图形成一种人们所熟悉的建筑场所，希望从人们那里获取同情和共鸣，使得意识归复于无感觉的状态，形成一种感情化的地域主义。20世纪20年代以后，出于对新时代、新技术的自豪和对新形式的渴望，欧洲以及美国的建筑师掀起了一场激烈的变革，产生了一批具有典型意义的折衷主义建筑。出于对新技术所蕴含的新精神的向往，一些美国建筑师提出应根据美国的地域文化和自然条件发展自己的建筑文化。因此产生了很多具有地域特征的折衷主义建筑，这些建筑用现代建筑的构成语言表达传统建筑，采用模仿或模拟地域传统建筑的外观、构件、图案或其他地域性特征的表现方式，建筑各细部比例也趋近于传统建筑。建于20世纪20年代的上海汇丰银行采用了新技术、新结构来表达对古典主义的诠释，非常具有折衷主义特征；云南由于历史的原因，出现了糅合本土的带有折衷主义倾向的建筑形式，这一时期云南出现了大量中法合璧式的折衷主义建筑类型，如云南陆军讲武堂、云南大学会泽院等。近代沈阳一直处于外来列强与本地奉系军阀两大势力相互抗争、共同作用的特殊背景之下。沈阳老北站就是在这样的形势下产生的，其建筑形态在一定程度上融合本土势力的中式元素，而非全盘接受外来文化。最后采用了西方现代主义风格与中国传统建筑风格的关联设计；广州中山大学原是美国人在中国创办的教会学校，其校园内的折衷主义建筑基本上都是教会学校建筑。这类建筑是宣传西方文明进行文化渗透的主要渠道，而在进行文化统治的过程中，为了表明西方文明的开明及缓和中国民众的反帝情绪，教会学校建筑采用了"仿中国传统式"或中西结合的方式。但是，虽然走了折衷主义的道路，中山大学校园内的教会建筑仍然带有一定程度的西方宗教色彩。

3 南京近代优秀建筑的折衷主义表情

南京是我国的"四大古都"之一，是国家级的历史文化名城，有着丰富的历史文化遗产及独特的城市风貌，南京的规划和建设要继承古都历史文化的精华，创造融古都风貌与现代文明于一体的城市特色。但是随着城市建设的不断发展，商业文化的冲击，一些珍贵的历史文化资源从人们的视线中消失，更多的资源无法作为城市的亮点得到充分展示，为现代化的城市文明淹没，历史文化与民众的距离隔阂加大。人们在寻求，在期望，期望在环境形象改善的同时，创造出符合现代生活的物质功能、心理特性以及能够承载重要历史文化、地域文化的城市环境。因此，加强历史资源保护力度，展示历史文化资源，宣传其形式特征，对于创造城市文化氛围具有十分重要的意义。

南京有着 2400 多年的建城史，深厚的历史积淀赋予了南京城独特的文化气质。南京除了具有众多的文化古迹外，有一大批优秀的近代建筑在中国建筑史上占有十分重要的位置。据南京市规划局最新统计，南京现存民国建筑千余处，其中 156 处是中国近代建筑发展史中著名的优秀建筑。其中被列为非文物 42 处，省级文物以上的 63 处，市级文物以上的 51 处，它们主要分布在南京中山东路近代建筑群区、颐和路公馆区、朝天宫历史街区、梅园新村及总统府区等。

南京近代优秀建筑是南京城市景观中的一个亮点，具有丰富的文化内涵。我们探讨其建筑形式的特征，并从多个视点去研究，可以寻找出建筑遗产所蕴含的多角度的"表情"。建筑"表情"是构成建筑形式内涵的一个重要方面，它是由建筑的形制、装饰、色彩以及与环境的相互联系而形成的一种特征。它除了完成功能目的，表达功能意义之外，还具有表达其他多方面的含义的特性。南京近代建筑形式在"表情"上是十分突出的，从建筑思想上，建筑空间格局上，室内空间形式特征都能看到其面貌。

在中国近代建筑史上，南京的建筑艺术有相当一段时间处于中西文化交融的局面，演变出一种混合的折衷主义的建筑文化观。中外建筑师们，一方面从国内接受了这种混合的文化观，主张吸收西方先进的建筑形制，同时又保持中国传统的文化的内在神韵。把延续传统建筑的形式特征，作为体现发扬中国精神与民族色彩的方式与途径。这些建筑在功能与采用的技术手段上运用了新的模式。但从其外观上则赋予了传统的形式，创作手法主要在形制上部分或完全模仿古建的形象，如大屋顶、台基、彩画装饰等。这种利用技术构件的功能及建筑空间的结构关系体现了某种传统文化特征。另一方面建筑师从国外接受了建筑历史主义创作方法，很自然地把摘取西方历史建筑样式运用到南京近代新建筑的设计中。因而在建筑的"表情"上体现出多元性，形成一股建筑潮流。并成为了当时建筑的特征。

南京近代建筑形式这种"表情"，从理论上分析，它反映了中国传统文化以及南京地域文化的符号特性。它的最基本的含义是一种或多种形态来体现某种观念。人类符号学的研究表明："在各种符号系统中，根据其表达意义的方式，基本上能分为两类，一类是推论性的符号系统，像语言符号和数学符号之类；另一类是表象符号即展示出各个部分之间的相互复杂关系和作用的符号形象，如某些线条、色彩，体块所形成的视觉形式，这类符号与语言性符号极不相同，它不是代表各种事实的符号按时间顺序排列，而是一种完整的意象性地显现"。从南京近代优秀建筑形式来看，我们可以感受到建筑空间形式虽然不像语言那样，在表现含义上具有一致性和连续性，也不像语言那样是一种逻辑推论的必然的结果，但建筑空间形式却像所有艺术符号一样，能够在它所表达的意义范围内表达人类的情感和深层含义。另一方面，在建筑空间形式表达深层含义和人类情感的关系中，建筑空间形式总是以一种具体而生动的形象出现。因此，建筑空间形式的"表情"实质是体现了建筑空间形式的符号特性。这些符号特性根深于中国文化思想的背景之下。虽然中西建筑文化有着不同的价值观、哲学观，但经过折射之后变得相当隐喻。

鸦片战争以后，一方面大量的西方建筑在外国殖民主义、帝国主义的侵略背景下，涌现在南京城市环境中，同时也是中国近代社会生活的需要，也主动引进外来的新建筑形成中西建筑文化的激烈碰撞。南京当时出现了不少西方古典主义样式的建筑。如石鼓路天主堂、基督教圣保罗堂、金陵协和神学院、马林医院、颐和路公馆区等。在当时建筑发展水平上，体现出形式上的多变性与新颖性。产生了南京建筑历史上的异质文化。其厚重的砖石承重结构体系、西方传统柱式形式，体现了西方传统文化历史渊源关系。建筑师通过醉心模仿历史上的各种建筑样式遗产，突出地表现出特有的传统观。其建筑的"表情"向人们传达了西方传统建筑的美感信息以及在南京的地域环境与文化环境中的历史性、文化性、适应性、和谐性。

另一方面一大批中国传统建筑师留洋归来以及一些国外建筑师的参与。他们云集于南京，其代表人物如帕斯金、司迈尔、帕斯卡尔、吕彦直、刘敦桢、梁思成、杨廷宝、奚福泉、徐敬直、李惠伯等。这些建筑师尝试中西方建筑风格融汇。因而在南京出现了大批既具有中国传统造型又含有西方建筑特征的中西合璧的折衷主义样式建筑。如中山陵、金陵女子大学、中央博物院、总统府、党史史料陈列馆等。南京这些多元的建筑体系对传统的继承以及其"表情"呈现出很复杂的现象，它所伴随着的文化价值、艺术价值、历史价值等方面所取得的传统神韵是一种隐喻的，体现出文脉相承的显现效果。建筑师们以现代眼光来审视传统，利用历史的影响，运用结构原理上借鉴了中国传统建筑艺术的特征，在设计上与传统的模式更接近；以具有时代特征的传统精神文化因素为主体，主张所谓创造性的继承与发展。建筑体现出对建筑传统表层"形式"的继承，既具有传统文脉延承，又具有新建筑体系所体现的"固有形式"。这种建筑形式与风格的表情是自然的，合乎逻辑的。它们是在新功能、新技术、新载体的因素寻求的继承。在视觉上所出现的中国"仿古式"、"古典式"建筑形态；在新的结构体系上套用传统的大屋顶等等；演绎了新的功能空间与传统的空间形式相关联特性。建筑师们努力将实用功能、技术做法与造型形式的有机统一，创造传统建筑所蕴含的合目的性、合规律性的理性精神。南京这些具有中国传统文脉的"表情"的建筑，在一定意义上揭示了建筑空间形式实质。它包含两方面的意义：一是这些具有"有意味"中国传统建筑形式具有表达传统文化的体验，以及将体验客观地呈现出来的作用，具体地说，就是把由人对环境的种种体验和创造的愿望共同产生的某种传统空间意象加以客观化。二是利用传统的形态、色彩与建筑场所的关联性使其产生信息传播，从而使建筑的"表情"给人们能够充分直觉地把握以及被充分地认识和理解。

南京的近代优秀建筑无论是"西风东渐"还是"融汇碰撞"其建筑形式的文脉以及地域特点对"表情"的实现是十分重要的，正是由于有了这种"表情"的作用，所产生的"东、西"风格的建筑，与南京特定场所性、历史性、地域性是十分和谐的。这里的"表情"所体现的是历史的延续和发展，所强调的是特定场所的特定意象以及意义的连贯性。今天当我漫步在街头，沿着历史文化资源的轴线行走时，那些拥抱在绿荫下的建筑仍然是那样和谐、美丽。

参考文献

[1] 杨秉德. 中国近代城市与建筑 [M]. 北京：中国建筑工业出版社，1993.

[2] 中国建筑史编写组. 中国建筑史 [M]. 北京：中国建筑工业出版社，1996.

[3] 郑时龄. 上海近代建筑风格 [M]. 上海：上海教育出版社，1999.

[4] 张燕. 南京民国建筑艺术 [M]. 南京：江苏科技出版社，2000.

[5] 南京重要历史文化资源展示规划方案，2002.

[6] 季苏苏. 建筑形式表意性初探 [J]. 建筑师，31.

[7] 张为耕. 中国建筑文化考评 [J]. 建筑师，35.

[8] 杨秉德. 中国近代中西建筑文化交融史 [M]. 武汉：湖北教育出版社，2003.

[9] 潘谷西. 中国建筑史 [M]. 北京：中国建筑工业出版社，2004.

浅谈 VR 技术对未来展示空间设计的影响

山东建筑大学艺术学院　薛　娟　代泽天

摘　要：信息传播速度与科技水平的不断提高使现代生活节奏越来越快，现代人们总以碎片化的时间去接受新鲜事物。在这样一个快节奏的时代，如何让浮躁的人们用特定的时间去特定地点观看传统的展示空间，这是设计师们未来要面临的巨大问题。相对于电脑屏幕和手机屏幕，展示空间的优势在于视觉、触觉、听觉上的模拟和互动从而给人们带来更加身临其境的空间感受，而 VR 技术更好地放大了这一优势，让参观者体验到优于一般传播媒介的空间体验。

关键词：展示空间设计；虚拟现实；未来发展

VR（Virtual Reality）技术在近几年发展迅猛，并且受到了各个行业的关注。早在 1987 年，著名计算机科学家 Jaron Lanier 就研究制造了第一款虚拟现实设备，但是这套设备在当时并没有受到社会关注，但在 21 世纪 VR 技术如井喷式发展，并且在电子游戏、航空、军事等很多领域上发展。展示空间同样也受到了 VR 技术的影响，并且逐渐呈现出不同于传统展示空间的展示形式。

1　虚拟现实技术发展概述

VR 我们称为"虚拟现实"技术。对于虚拟现实的通俗解释是利用计算机技术从空间和位置上来模拟人类视觉、听觉、触觉甚至是嗅觉的感受，从而达到身临其境的效果。现今的 VR 技术大致可分为二大模拟系统，即听觉模拟、视觉模拟、触觉模拟。

1.1　听觉模拟

早在 20 世纪 50 年代美国唱片公司 Audio Fidelity Records 就已经将"立体环绕声"引入了商业唱片的领域。到了 20 世纪 60 年代中后期绝大多数的唱片公司开始逐步采用了双声道立体声录音并且放弃了传统的单生道录音，一直到 20 世纪 80 年代，日本的电子机械工业协会开始对立体环绕声制定了技术标准—STC-020。自此以后立体环绕声已成为了 VR 技术在听觉模拟系统上的标准配置之一。

1.2　触觉模拟

人的触觉能在一秒钟之内识别一千次细微的压力变化并且能分辨出多种压迫方式，这种细微的感知力让游戏开发商开始意识到了触觉在游戏体验中的重要程度，因此

最初在游戏手柄中"力的反馈"成了后来 VR 技术中触觉模拟的最初原型（图 1）。

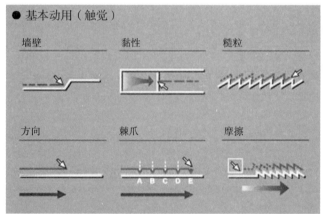

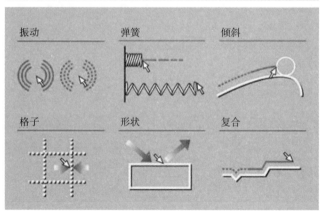

图 1　手柄触觉反馈类别（来源：任玩堂）

1970 年，迪士尼动画工作室（Disney studio）为了使动画人物的动作更加流畅真实采用了 Rotoscoping（逐格影描技术）——让摄影师拍摄捕捉真人的动作，并且后期将这些拍摄的动作以底片投影的方式描绘出来。这项技术虽然繁琐但是在当时取得了不错的效果。随后 Rotoscoping 开始逐步发展，一直到 20 世纪 70 年代科学技术的进步，麻省理工学院的机械研究小组与纽约科技电脑图形实验室合作共同研发出了光学式动作动作撷取系统— Motion Capture。

随后美国微软公司从 1997 年将研制的首次作用力的回馈系统编入程序中，这就是后来广泛运用的 ForceFeedback 技术的前身。此后这项技术不仅在 VR 技术上广泛运用还在汽车航空等技术上发展迅速。

1.3 视觉模拟

现代 VR 视觉模拟技术的根源要从公元前 400 年的希腊数学家欧几里得（Euclid）的发现——人类通过视觉信息之所以能够感知立体空间是因为人类双眼所呈现的景象不同。双眼之间的距离在 60 毫米左右而产生了观察的不同角度，两只眼睛呈现出微小的水平像位的差值导致了人们能够感知立体空间，这种差值被称为"立体视差"（stereoscopic vision）（图 2）。

相对于传统的单屏幕展示体像，现代技术发展出用多屏幕立体成像，这正在被市场逐渐接受。从曲面显示屏再现如今的 Oculus Rift 第三代头戴显示器，VR 在视觉模拟

的技术愈发成熟。

2 VR 技术在展示空间设计上的优势

相对于传统的展台，VR 技术改变了观众单方面枯燥的接受信息这一局限行为，将数字化、图像化的信息转变为人们可以互动的虚拟空间，让人们在现场感受听觉、视觉、触觉的模拟，让人们产生了"身临其境"的代入感。这种带入感能够让观众们更好地"主动"记忆所展示的内容，因此很大程度上强化了展示空间的作用。其中主要优势集中在四个方面。

2.1 实时人机互动

VR 技术为体验者提供了人机交流的及时互动系统，Oculus Rift 公司在 2015 年就推出 Microsoft HoloLen，其人机互动的实时交流系统与其他市场化的 VR 头显不同，眼前的透明护目镜可以让设备将图像投射在用户面前，看起来就像是出现在真实世界中一样。随后 HTC 在 2016 年推出了 HTC Vive 的 VR 设备，它在操控和系统性能上都不输给 Microsoft HoloLen 设备。两家公司的 VR 设备的上市意味着人机交互系统将很快普及 VR 市场（图 3、图 4）。

VR 技术相较于传统展示空间手段的独特之处就在于它的实时人机互动性，体验者在虚拟的环境中有着充分的主动权，可以去选择想要的角度和方式去浏览展示的内容，不会像传统的展台那样受到空间的限制，系统能够实现体验者的意愿，无论是近距离的触碰还是远处的欣赏亦或者是在不同的环境中观看都可以实现。系统还可以记录体验

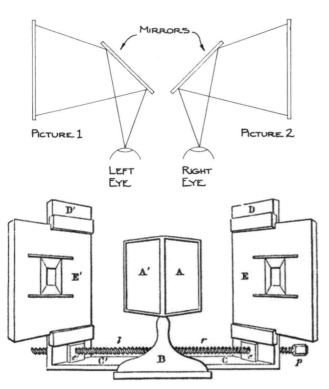

图 2 立体视差原理图（来源：维基百科）

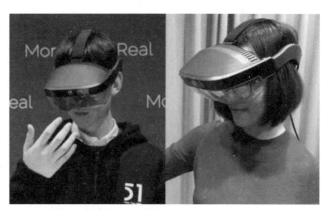

图 3 佩戴 HoloLen 设备的体验者（来源：任玩堂）

图 4 HTC vive 头戴显示器（来源：任玩堂）

者在不同角度方式接受信息时的情绪，以此来做出调整和改变。VR 技术完全可以让体验者摆脱现实世界在时间和空间上的束缚，没有拘束地畅游在虚拟展示空间当中。

2.2 信息的高效传播

展示空间的根本作用就是传播信息，无论是系绳结记录信息的原始社会、或是用甲骨文记录的殷商朝代、再到战国的竹简、西汉的造纸术甚至现代的云端数据信息，这些都是起到了传播的作用。传播效率高低与所对应记录水平有很大的关系，现代数据记录的科技发展日新月异，如此庞大的信息量想要更高效地传播出去，传统的传播媒介已经达不到要求，所以互联网出现，人们通过电脑屏幕、手机屏幕可以接收到大量的信息，这让传统的展示空间在传播的作用上受到了冲击。

简单的展台和展品的摆放所提供的信息量远远没法匹配现代技术所储存的信息量。但是 VR 技术的三大模拟系统能够让人们在短时间内通过听觉、视觉、触觉接收到更多的信息量，不仅如此，相比手机电脑屏幕媒介所要展示的内容也更加完整直观。从二维的平面传播到三维的空间感受，VR 从技术上突破了这一点并且让所要展现的信息更加生动形象，展示的信息量也大大高于从前，不仅是从图文上展现更达到了从触觉甚至是空间上体验。

2.3 情景代入感

"情境代入感"是指观众在特定情景下感受到了自身所在的虚拟环境中的真实感。传统的展示手段往往是片面的、单向的，观众所能接收的信息也是局限的。VR 技术带来的情景代入感是传统多媒体手段无法比拟的，它能让使用者感受到如身临其境般的环境当中，并且能够真正实现多种感知方式的综合体验，观众能够更加主动了解、感知、判断所要展示信息的含义，深层次地体会展示内容的内在精髓。

在 VR 技术的支持下，展示内容无论是现代的新兴科技文化技术，或是过去传统文化工艺等，都能够让观众最大限度地体会所要传达内容的精髓。并且弥补了普通屏幕二维视角的局限性，也弥补了传统展台在特定活动区域的局限性，这种全方位空间情景模拟更够让人们更加真实、全面、生动、形象地体会到所要展示的信息，观众不需要去特定地域就可以体会不同地域的风土人情，不需要穿越过去亦可以感受到中国古代国学的魅力，不需要搭乘航天飞机也可以观察到浩瀚的宇宙等。

2.4 虚拟超现实

正如俄国文学家车尔尼雪夫斯基所阐述的那句话——艺术源于生活却高于生活。同样的道理在信息的传播也同样适用，如果我们把"虚拟现实"一词拆分来看，"虚拟"与"现实"是对等的存在。在模拟的过程中"虚拟世界"将"现实世界"里的信息收集起来并且优化、升级、整合，

随后展现出来的"虚拟世界"其实早就比"现实世界"更具吸引力。这种"超现实"的情景集中把所要展示的信息呈现出来其实更具美感也更能让观众们记住，所以 VR 技术所带来的"虚拟世界"在信息的传播过程中比"现实世界"更具有传播力量。超过现实的美感与通过包装加工的虚拟场景大大拓宽了人们的认知范围，无论是再现中国古代的遗迹亦或是模拟外太空环境都具有其自身的优势。

3 VR 技术对于未来展示的空间影响

近年来由于信息技术水平的提高，展示空间的发展主要向 3 个方向转变。

3.1 展示体验多元化

信息传播速度与科技水平的不断提高使现代生活节奏越来越快，现代人们接收新鲜事物的时间总是碎片化的，在这样一个快节奏的时代，如何让浮躁的人们用特定的时间去特定地点观看传统的展示空间，这是设计师们未来要面临的巨大问题。相对于电脑屏幕和手机屏幕，展示空间的优势在于视觉、触觉、听觉上的模拟和互动从而给人们带来更加身临其境的空间感受，而 VR 技术更好的放大了这一优势，从听觉模拟到、视觉模拟再到触觉模拟的全方位的展示，让参观者体验到优于一般传播媒介的空间体验。

3.2 展示设计综合化

从工业革命诞生之初的第一届世界博览会，再到 2010 年的上海世界博览会，我们可以看到展示设计已经从最初单纯的工业成果展示发展到了现在的一系列复杂的体系。展示空间设计已经不再单单是"展览"，设计团队需要考虑前期的营销策划、中期的广告宣传、展示内容所要针对的人群、能够带来的商业利益等。进而才能针对性地考虑室内外的空间联系、灯具的选择、展台的摆放等具体的设计。所以今后的展示空间设计必将是更加综合化的，这种设计的综合性化转变也必将导致未来设计师们的转型方向。

3.3 展示传统文化的媒介

随着人们意识的提高，传统文化再次受到了重视。对于传统文化传播展示空间依旧起到了不小的作用。想要中国的传统文化受到大众的青睐以至于走向世界，单方面的宣传是不够的，这更加需要对传统文化的包装。在今后的展示设计中传统文化的运用必将越来越频繁，通过 VR 技术将传统文化与现代科技相结合是未来传统文化包装的必要手段，视觉、听觉、触觉的立体化模拟不仅能够让现代人们再一次看到"圆明园往日的辉煌"，同样也能够让人们体会"古代学堂的读书氛围"等。观看者可以拥有视角调整和选择信息的主动权，给人身临其境之感。

4 结语

从设计师的角度来看，VR 技术的发展不仅仅是科学

技术进步而是设计方式的改变，技术革命在悄无声息地发生着变化，伴随着技术的更新我们的生活方式必将受到影响。信息的载体仅仅是从固定的屏幕迁移到移动的屏幕就已经给各个行业带来了翻天覆地的危机，而 VR 技术的在今后必将会把信息的载体从"屏幕"转移到"空间"上，到那时我们接收信息的工具将不再是"屏幕"，而是"整个世界"。这种技术的变革给了展示空间这种特定的信息传播场所发展的机遇，作为传统意义上的信息传播的媒介想要在 21 世纪这种科学技术爆炸发展的时代生存下去，必须要顺应时代的发展而做出变革。

参考文献

[1] 陈崇 . 数字时代的影像展示 [D]. 大连工业大学艺术学院，2015，06：55-60.

[2] 王胜利 . 虚拟现实技术在植物景观设计中的研究 [D]. 东北大学，2015，06：36-40.

[3] 甘霖 .VR 技术在环境艺术方案展示中的应用研究 [J]. 北京工业大学，2009，12：56-60.

[4] 李自力 . 虚拟现实图像中基于图形与图像的混合建模技术 [J]. 中国图像图形学报，2001，06：96-101.

[5] 吕燕茹 . 新媒体技术在非物质文化遗产数字化展示中的创新应用 [J]. 包装工程，2016，05：1-3.

Citarum River World Expo of ASEAN
Community of Indonesian Smart City Cultural Architecture

Maranatha Christian University Gai Suhardja, PhD & Citra Amelia, S.Sn, MFA

INTRODUCTION

Indonesia is currently in a situation and condition which is continuing to build infrastructure to improve its economic, social, politic, and the nation. National Geo-politic contains the efforts of bilateral relations between nations. It is important to be directed to their regional development as well as its human resources. Infrastructure development is a central government priority program, so the initiative and ideas to support a government program needs the best planning.

Rivers for one country can show the history of its nation's civilization. Citarum river is one of the supporting potential for infrastructure development which has very important benefit role for the local community as to improving the welfare and social justice of the people who live in West Java Province. This potential even can affect the whole Indonesia. It is because West Java Province is considered as a progress benchmark for any other provinces in Indonesia.

Based on recent observations in Indonesian big cities, the state of Indonesian rivers is in the alarm condition. The rivers flow is filled with garbage and silt, in dry season the water debit will recedes and in rainy season an overflowing stream of water flooded the surrounding area. Citarum river can be a mainstay river in West Java Province for providing clean water supply because not only this river is the longest river (300 km) but also the biggest river in Tatar Pasundan. Citarum river is flowing through Dayeuh Kolot, Majalaya, Soreang, regencies area such as Cianjur, West Bandung, Purwakarta, and Karawang.

Today, Citarum river has not been able to give contribute to people who lives around its river stream yet. This river often causing flooding and landslide disaster also bringing domestic pollutant that later becomes an environmental problem along its river basin. Even though there have been efforts from government and private institution to resolve the problem with planting Vetiver plants to prevent the abrasion. This type of plants has strong roots like concretes to hold an avalanche withou the Kirmir Formation.

The condition of the Citarum river has become Jokowi-JK government's attention. This river has a negative connotation as the dirtiest river in the world. There are more than 500 factories stands around its stream. Lots of people who live near Citarum River still depends their lives on it. There are some young people who are a nation's future cadre ; they need a clean living place free from any pollution to achieve a healthy and prosperous life. The country has a program to develop these efforts and hoping that private institution can support a government program with collaborating with all of the stakeholders. The government is currently aiming for welfare development, community's prosperous aspect on carrying capacity of the riverside living environment.

CIVILIZATION RIVER

Later on, it is hoped that Citarum River would be able to be a center of world cultures. Citarum River is compiled to be creative industry center. This idea started from community service activities around Citarum River to provide guidance for society to change their living culture into a cleaner one as not to litter their household waste into the river. As the time goes by, the idea was staged and creatively planned to make a new form of the Citarum River as a dream that can be achieved by gathering ASEAN community international relation.

Furthermore, with today's digital technology, it seems that nothing is impossible to do because the technology will help with reducing the distance between continents.

The area around the Citarum River become the object of studies and research program because it has a history and some legends at some areas. This river can become a specific cultural center that can be maintained and lived on from the society around it with supporting facilities which can help increasing economic and social culture that can be a main pillar for regional income. For institutions and community organizations also individuals who live around Citarum River, this would make a great impact because Citarum River can become "A New Destination" with a unique appeal for international traveler especially those from ASEAN countries. It would increase reciprocal economy business opportunities for people who live around the Citarum River stream.

For a long dry season when its water debit is very low, there wouldn't be drought because it can be prevented with river water governance technology solutions. Based on ASEAN cooperation with the utilization of water storage, which will come abundantly with a rainy season so that the water supply can be stored in the water reservoir. As for today, there are only three water reservoir hydroelectric power plants. Later there will be additional planning for water reservoir projects based on the master plan concept.

The government is taking the entire stakeholders Citarum River project with private institutions collaboration and ASEAN countries support into their consideration with triple P (Public – Partnership – Participation) cooperation model. They will design architectural concept of sector destination as ASEAN Cultural Center along the river stream.

Hopefully after Citarum River cleared of garbage, solid waste, and domestic pollutant along with any other poisonous soil, we can have a clean river free from sediment with abundant fishery that can be managed by the community in an integrative manner.

Economic empowerment is achieved in the form of mutual cooperation. The empowerment of community cooperatives will become a milestone of advance stage from coastal residents, which will be absorbed by the needs of the zone dividing section workforce, including entertainment and tourism zones, industrial zones, residential zones, trade center zones, and government zones. These would become an integrated architectural urban area along the 300 km region.

Citarum riverbanks with road traffics of high-rise toll road vehicle construction arrangements, if the water overflow exceeding the threshold during rainy season and saturate the toll road, then the second level of the overpass above it can be utilized. However, during dry season, the two storied road can be fully functional as land transportation facility. In addition, there would be water transportation on the river by boat; it can support industrial water transportation and for tourists in certain areas which already sits on Smart City continuous architectural design concept.

The idea of Smart City area in the radius area of the Citarum River as mentioned above is the imagination of the Civilization River Region; it can be realized if there is collaboration between private institutions with local government to central government. They need to invite investors from ASEAN countries who are willing to invest capital business in the interests of the culture civilized of ASEAN in order to face the global future challenges.

COOPERATIVE COOPERATION

In order to increase the cooperation of Indonesian and ASEAN countries, people in the future, starting from making river cleaning system concept master plan and creating water reservoirs using renewable energy technology with the acceleration mechanism of integrated area development. The integrated city master plan along with community empowerment in training and training, as well as vocational education scholarships from ASEAN member's exchanges is prepared to work in the Citarum destinations.

Given the growth of Indonesian youth or demographic, it is necessary for governments and private citizens, to create as many employment opportunities as possible for young people to earn income that can improve their welfare and education continuity. On integrated planning occasions of Smart City urban areas, the government considers it would be best to base the project on the concept of a comprehensive master plan so that potential ASEAN market investors are interested in investing, not only because of the prospect of mere profit. Instead of cooperating with ASEAN on an ongoing basis, bilateral relations will maintain a conducive and a sustainable atmosphere to become a Cultural Center that contributes to world peace.

Therefore the Citarum River as ASEAN Cultural Center area needs to be planned to build the architecture of ASEAN culture as a global integrated creative industrial city, as well as management governance maintenance involving all stakeholders. The investment fund of Citarum River World

Expo area belongs to the mega-project category. Thus，central government consideration is required to plan for mutual exchange of foreign investment and land tenure for significant profit margin investment. Regional land along the area around the radius of the watershed and government assets can be utilized and exchanged realistically and mutually between the parties involved. It certainly contains relevant legal and statutory linkages that must be prepared in a measurable and precise manner to safeguard the rights and obligations of relations between countries.

Investors have the flexibility to market property development in accordance with newly adapted spatial and regional plans in the concept of industrial zone areas，residential zones，tourism zones，customs and culture zones，agricultural zones and agro-industries. This integrated city destination will bring in worldwide investment enthusiasts，from offices，hotels，housing，tourist industries，manufacturing industries，colleges，hospitals，trade centers，malls，entertainment，games，and stadiums，startups，technology and information centers，embassies from various countries. An area of the World Expo held in the biennial permanent period for all stakeholders to schedule gait in all aspects including culture，art，architecture，social，political economy and education，towards an increasingly civilized humanity.

With this development，Citarum will become an ASEAN Cultural Center，which is influential for a world civilization that contains available resources to every nation that invests in this region，because the Citarum River becomes an icon and an international tourist destination of ASEAN culture that would never lack from visitor，become conference center. It can showcase various cultures at attractions on the banks of the Citarum River.

CONCLUSION

The thinking process of future Indonesians people would become uniform with young ASEAN people alongside the cultural diversity and creative power of national differences. This great collaborative work of conceptualizing program can be accomplished in the accelerated program，for the sake of the unity of ASEAN nations because youths present at this time and the coming decade will be more significant. Indonesia is involved in the future ASEAN community without social conflict between members of the state. However the entire citizens of ASEAN nations united for progress of ASEAN countries and nations for prosperity and always adhere to justice and peace without violent behavior upheld the dignity of ASEAN nation in the face of future world civilization.

BIBLIOGRAPHY

Aris Ananta，M.Sairi Hasbullah，Demography of Indonesia's Ethnicity，2015，ISEAS Publishing

Muji Sutrisno，Teori-Teori Kebudayaan，2005，Penerbit Kanisius http：//dfat.gov.au/about-us/publications/Pages/why-asean-and-why-now.aspx

Donald Weatherbee，Indonesia in ASEAN，2015，ISEAS Yusof Ishak Institute

Kumpulan Tulisan Kompas，Ekspedisi Citarum，2014，Gramedia

Carol L.Stimmel，Building Smart Cities，Analytic，ICT，and Design Thinking，2015，CRC Press

Cerulli Giovanni，Economic Evaluation of Socio-Economic Programs，2015，Springer

Revaluation of Chinese Cultural Heritage in Bandung Through Historical Survey

Universitas Kristen Maranatha, Krismanto Kusbiantoro, Elizabeth Wianto, Cindrawaty Lesmana

ABSTRACT : The mitigation efforts include sustaining the value, meaning and significance of cultural resources from the past, for the use of the present and inspiration of future generations. The purpose of this paper is to identify cultural heritage by enhancing community engagement and participation to give meanings on the culture itself. The historical survey was conducted to encourage publics to consider their historical and cultural experiences in planning for the future. The survey was arranged in two-days trip for visiting the Chinese historic properties and cultural resources in the hazard area, Bandung City, Indonesia. This activity was designed to construct a sense of continuity and connectedness with the historical and cultural experience. To conserve cultural heritage, local communities must be aware first. The result show people revaluate the heritage by visiting the historic properties and cultural resources. Furthermore, they also design some planning in how to protect the heritage.

Keywords : cultural heritage ; value, mitigation ; Chinese community

INTRODUCTION

Mitigation measures to cultural resource from disaster. A disaster is a sudden, calamitous event that seriously disrupts the functioning of a community or society and causes human, material, and economic or environmental losses that exceed the community's or society's ability to cope using its own resources (IFRC, 2017) . Disasters can be caused by nature and human as well. The impacts from disaster can be reduced when public have been educated on the value of the resources and the consequences of the decay of the cultural.

The cultural heritage as all the beliefs, values, practices, and objects that give a place its own specific character finds its significance when stated conservation and development. The development that is not entrenched and weaved through the local people's consciousness, traditions, and values is bound to fail (Ocampo & Delgado, 2014 ; Zerrudo, 2008) . The mitigation efforts include sustaining the value, meaning and significance of cultural resources from the past, for the use of the present and inspiration of future

generations. We cannot expect local communities to conserve something that they are not aware of. Mitigation is the effort to reduce impact of something that cannot be completely prevented. Thus, the process brings fort the importance of public education and awareness.

Public education is to protect community's historic properties. Heritage education constructs a sense of continuity and connectedness with the historical and cultural experience and encourages publics to consider their historical and cultural experiences in planning for the future (Hunter, 1998) . The certain cultural resources, such as personal photographs and family collections, public education and awareness can be one of the most powerful tools to raise awareness of the community in the first stage of mitigation (FEMA, 2005) . Therefore, this paper focuses on the process of the identifying cultural heritage that enhance community engagement and participation to give meanings on the culture itself. The questions are bounded to how much do communities know about historic properties and cultural resources in hazard areas? What do the community perceive to historic properties and cultural resources by visiting the place with the expert?

THE CHINESE COMMUNITY SETTLEMENTS AT BANDUNG CITY

The Chinese community settlements already existed for centuries spreading along Indonesian islands shores. It began in the early 15 century during the period of the Ming Dynasty. They lived in a very tight neighbourhood and densely built environments in such conditions naturally giving rise to an exclusive society with intense cultural tradition copying their original homeland. The first wave of Chinese had brought their colourful lifestyle to the life of the dynasties.

Bandung City is a capital of West Java Province in Indonesia. It located 768 metres above the sea level in total area of 167.67 km. The population is 2.6 million people（BPS，2015）. The Chinese Community settlement in Bandung was developed in the early of 18 centuries. In the year of 1809，the Chinese area was built as a decreed from the ruling government.

METHODOLOGY

The survey was conducted in the hazard area，Bandung City，Indonesia. Bandung，which an area that surrounded by volcanoes，is a city that prone to earthquake and lava eruption. Besides，the intense rainfall in this area makes the city is also prone to flood. The survey was arranged in two-days trip for visiting the Chinese historic properties and cultural resources in Bandung City. The areas included Chinese cemetery（Figure 1），Chinese Temples，Old Chinese School Buildings，Oversea Chinese Houses，Traditional Chinese Beverages，Ancestor Place，Indonesian-Chinese Museum，Tofu Factory，Coffee House in traditional style，and Traditional

Figure 1　Chinese Lieutenant Grave in Cikadut

Chinese Medicine Store. The trip includes experts，educator，government，heritage foundation，and public community. The process includes the survey to the historic properties and cultural resources and explanation by the experts or the descendants. The purposes of the visit are to indicate how much do communities know about historical properties and cultural resources and to build awareness and the sense of the place to support the efforts of protecting the valuable assets.

FINDINGS

Visiting the historical sites and cultural resources，the community engaged in a process of relationship building that encourages both learning and action. They have an expression of opinions about a place based issue or program. Figure 2 illustrates the activities and the engagement process on the historical survey. By listening to the experts，people know better the historical background of the resources. The obtained information triggers a significance of cultural resources.

Figure 2　Listening to Cemetery Expert Explaining Hakka Grave

Table 1 shows the summary of the engagement process of the participants and the future planning after two-days trip of participation of experiencing Chinese Cultural trip in Bandung. For example，visiting the ancient Chinese Cemetery in Bandung so called Cikadut, the participants aware of the extinct of the sites if people abandon the place. The planning actions are the ideas from the community that joined the trip. They give the meaning to the place itself and respect the tradition background. The active participation between the experts and the participants raise awareness and define the place into the most favourable place that must be protected.

Connections of Activities to the Future Planning Actions   Table 1

Place	Activities	Results	Planning Actions
Cikadut Chinese Cemetery—Ancient Grave	● Going to several Ancient Chinese Family ● Understand the tradition and beliefs for the arrangement, such as：grave arrangement, fortune pool, temple, etc. ● Storytelling to engage community in identifying the historical values ● Storytelling to define the cultural resources based on the participants' understanding	● Understanding the Chinese culture ● Trigger to find more information about the historical background of the family ● Respect the cultural resources	● Mapping the ancient grave and preserve Chinese grave ● Finding the decent family to complete the historical background of the ancient grave owner ● Cleaning the abandon cemetery
Chinese Temples	● Observed the Buddhist and Tao Temple ● Understanding the relic	● Public opinions survey ● Understanding the Chinese culture ● The sense of the place	● Community festival ● Provide arts and cultural education programs ● A Photo Voice through social media and exhibition
Old Chinese School Buildings	● Knowing the history ● Story telling	● Public opinions survey ● The sense of the place ● Knowing the historical background	● A Photo Voice through social media and exhibition ● Building investigation
Houses	● Understanding the cultural difference	● The sense of the place ● Public opinions survey	● A Photo Voice through social media and exhibition ● A Photo Voice through social media and exhibition ● A Photo Voice through social media and exhibition
Beverages	● Experiencing the Chinese food that has already adapt with local, such as：tofu, coffee place, meat bun, etc.	● Public opinions survey ● Understanding the historical background and the mixed culture of the local food	● Provide arts and cultural education programs ● A Photo Voice through social media and exhibition
Ancestor Place	● Storytelling the ancient of the Chinese family name	● Public opinions survey ● Understanding the Chinese culture ● Trigger to find more information about the historical background of the family	● A Photo Voice through social media and exhibition
Museum	● Understanding of the background of Overseas Chinese in Indonesia	● Understanding the Chinese culture ● Public opinions survey	● A Photo Voice through social media and exhibition
Chinese Medicine	● Knowing the history ● Story telling ● Experiencing the Chinese Traditional Medicine, the usefulness, and the design of the store	● Understanding the Chinese culture ● Public opinions survey	● Provide cultural education programs ● A Photo Voice through social media and exhibition ● Building investigation

Whenever we interact with the world around us, it includes education on it. By directly experiencing, examining, and evaluating historic sites, the community gain knowledge, intellectual skills, and attitudes that enhance their capacities for maintenance and improvement of their society and ways of living. When the participants visit the Chinese Medical Store as shown in Figure 3, they heard the explanation from the owner of the store about the family history and Chinese Medicine as well. By educating the community about value of the cultural heritage, the understanding of concepts and principles about history and culture can enrich their appreciation for the artistic

Figure 3   Trip Participant Listening to Chinese Medicine Store's Owner

achievements, technological genius, and social and economic contributions from diverse groups.

Furthermore, a higher level of community engagement in planning offers vibrancy and innovation by strengthening the level of public commitment and making more perspectives available to decision makers. The planning of the mitigation is where options and actions are developed which will enhance opportunities and reduce threats to project objectives. The education is one of the treatment to teach and to learn about history and culture that using information available from the material culture and the human and built environments as primary instructional resources. The use of creative tools, such as : visual-art techniques, storytelling, festivals, exhibits, spoken word, Photo Voice, web-based applications and community gatherings can emphasizes accessibility of the input, genuine acknowledgment of feedback, easy participation, and the development of engagement to cultural heritage.

CLOSURES

By experiencing the culture, the community engage and participate directly to identify the historical sites and cultural heritage and to give a meaning of the cultural itself. The community knows better about historic properties and cultural resources and raising awareness of the participants. The participants construct a sense of continuity and connectedness with the historical and cultural experience. A planning actions must be conducted to sustain the value and the significance of the historical properties and cultural resources, to promote the sites and to do some the efforts of mitigation for protecting the sites.

ACKNOWLEDGMENTS

We thank you for the support of the building owner, the community in Bandung, and Universitas Kristen Maranatha's community. This study was financially supported by grants from Ministry of Research and Technology – Hibah Penelitian Unggulan Perguruan Tinggi under contract no. 112.Q/LPPM/UKM/V/2017 and the support from Pusat Bahasa Mandarin at Universitas Kristen Maranatha.

REFERENCES

BPS. (2015). Statistics Indonesia - Bandung.

FEMA. (2005). State and Local Mitigation Planning How-To Guide. In Integrating Historic Property and Cultural Resource Considerations Into Hazard Mitigation Planning (FEMA 386-6).

Hunter, K. (1998). Heritage Education in the Social Studies. ERIC Digest.

IFRC. (2017). What is a disaster? Retrieved August 1, 2017, from http : //www.ifrc.org/en/what-we-do/disaster-management/about-disasters/what-is-a-disaster/

Ocampo, M. C. B., & Delgado, P. I. (2014). Basic Education and Cultural Heritage : Prospects and Challenges. International Journal of Humanities and Social Science, 4 (9), 201–2019.

Zerrudo, E. (2008). Pamanaraan : writings on Philippine heritage management. In U. P. House (Ed.), Settling the issues of the past (pp. 195–203). Manila.

Living with Nature : Cambodian Vernacular Dwelling in Tonlesap Basin

Silpakorn University Isarachai Buranaut, Kreangkrai Kirdsiri, Ph.D

ABSTRACT : Tonle Sap is Cambodia's largest freshwater lake in Southeast Asia. The lake's plentiful supply of fish attracts human settlement in the form of fishing folk on living their boats in floating communities, as well as people living in permanent stilt houses built on land. To earn a living and maintains a stable environment, the settlement of high stilt houses situated is in specific location between land and water. This paper focuses on the high stilts community, the case study in Kampong Phluk community, where people adapt to living in extreme seasonal water level changes in Tonle Sap Lake.

Houses should be built as near to the lake as possible but should be protected from damage by seasonal floods. Therefore, long timber poles are used as stilts to lift the house up off the ground. Each house is built in the shape of narrow rectangular plan. Houses are located close to one another along opposite sides of the riven channel. As a result, the layout is narrow and expansion is deep rather than wide. In addition, the settlement is located in a large plain so a high proportion of houses have a roof of less than 45 degrees to reduce the impact of wind.

The main structure of house on high stilt has a post-beam system combined with structural bracing system making a three-dimensional distributed load to support and strengthen the structure during the flood season. Periodically water from the Mekong overflows into the Tonle Sap basin. Because the water rises slowly, the high stilt houses are able to remain undamaged.

INTRODUCTION

Tonle Sap is located in the central plain of Cambodia it includes the largest freshwater lake in Southeast Asia and a lake-floodplain system that forms an integral part of the Mekong lowland system. [1] The network of channels and variety of ecosystems come with plentiful aquatic resources and agricultural land, resulted in the settlement of people since primeval period, leading Khmer to become a great Empire [2]

The territory of the Tonle Sap lake covers 6 provinces, Banteay Meanchey, Siem Reap, Kampong Thom, Kampong Chhnang, Pursat and Batttambang. The altitudes of most topography is less than 15 meters above sea level. During the dry season, the water area becomes 2600 square kilometers, about 160 kilometers long, 35 kilometers wide and 1-2 meters deep. During the monsoon season in October to November, the level of the Mekong River rises to a much higher level than the Tonle Sap basin, forcing the water to reverse its flow

[1] Aura Salmivaara et al. Socio-Economic Changes in Cambodia's Unique Tonle Sap Lake Area: A Spatial Approach. Applied Spatial Analysis and Policy (April 2015): 1-20

[2] Matti Kummu, Water management in Angkor: human impacts on hydrology and sediment transportation, Journal of Environmental Management 90, 3 (2009): 1413-1421.

toward the lake [①] and the water surface spread over 15000 km, length of about 250 km., width of about 100 km. and the water level increased up to 8-11 meters. Tonle Sap is a unique ecosystem with a diversity of geography and rich in natural resources. There are more than thousand communities [②] located on or around Tonle Sap lake and these can be classified into three settlement forms [③]: 1) Floating communities; 2) High stilt communities; 3) Agriculture communities. Different dwelling forms are a result of human adaptation to local topography and climate, as well as social, cultural and economic factors. The architectural formation of dwelling are complex phenomenon for which no single explanation will so it is suffice [④], necessary to analyze the interaction of various factors

THE SETTLEMENT OF TONLE SAP BASIN

Due to seasonal changing environment, it is necessary for communities in Tonle Sap Basin to adapt the settlement, mainly caused by geographical conditions and limitations of environment in the area. It was found that the settlement can be categorized into three aspects: 1) floating communities; 2) communities on high stilts; 3) agricultural communities.

Floating House Communities (Water-based communities)

The floating communities comprise water-based villages in water with main career as fishery. Communities are located between the canal and the lake. There are 53 villages and floating villages spread over Tonele Sap lake. For water-based communities, they live in house boats and raft houses which can be moved and adjusted anytime, so the boundary of villages cannot be specified. The expansion of communities are based on aquatic resources for fishery and seasonal changing environment. During the dry season, from November to July, the water level is quite low, then floating communities move near the mouth of the lake. For the wet season, from June to October, the water level becomes higher, then such communities move along the channel, so

asto protect themselves from monsoon and wind. The distance of movement is about 5-6 kilometers, depending on water level. The architectural dwelling of floating communities can be categorized into four types [⑤]:

1) Houseboat, there are small area for residents up to 4-5 people. Using for fishing in day time and sleeping in night time. The main structure is boat and was covered with thatch or zinc roof and wall, for protect sun, wind and rain.

2) Ferry Houseboat, a large boat, the structural base is large wooden tub. Above is the wooden walls and roof structure. It has a spacious living area and separate the function, such as living room, bedroom, kitchen, bathroom. In addition, can be placed of furniture, such as beds, tables, chairs, closets, etc. Some of ferry boat, there are a shop in the front.

3) Floating Pen Houseboat, is the ferry houseboat with floating baskets for the aquaculture, movable according to water changing in each season.

4) Bamboo Raft House, is the most basic dwelling in Tonlesap area. The bamboo rafts were built to support the housing to be able floating on water. The bamboo is a local material that plentiful in nature.

The floating communities contains many ethnic groups and a variety of belief; Cambodian Buddhist; Vietnamese Christian; Cham Islamic, each group will have a territory loosely. The Buddhist temples are built permanently located are in the water and on a hill into the land. On the other hand, the christian church was built on floating structure and usually have school amassed. The floating church will be move along with the communities.

High stilt communities (Water-and-landed-based communities)

High stilt communities are located 6-8 meters above sea level, surrounded by flooded forest. The settlement is along the channel that links to the Tonle Sap lake. There arevillages,

---

① Mauricio E. Arias et al. Quantifying changes in flooding and habitats in the Tonle Sap Lake (Cambodia) caused by water infrastructure development and climate change in the Mekong Basin, Journal of Environmental Management 112, (2012): 53-66.

② Mark Sithirith and Carl Grundy-Warr. Floating lives of the Tonle Sap. Chaingmai: Regional Center for Social and Sustainable Development. 2013. 31-39.

③ Isarachai Buranaut and Kreangkrai Kirdsiri. (2015). Holistic of the Settlement and Vernacular Housing in Tonle Sap, Siem Riep, Cambodia». AR KKU Journal 14 (2): 13-25.

④ Amos Rapoport. House Form and Culture. New Jersey: Prentice-Hall, 1969: 46-47.

⑤ Mark Sithirith and Carl Grundy-Warr. Floating lives of the Tonle Sap. Chaingmai: Regional Center for Social and Sustainable Development. 2013: 31.

approximately 2499 households, in three provinces: Bantay Meanchey, Siem Reap, and Kampong Chhnang. To earn for a living, fishery is the main career. But for Kampong Chhnang, agriculture is another option[①]. Due to different seasonal water levels, the locals live on land for six months, and are ready to live with wet atmosphere for another six months. The water level can reach 4-5 meters above ordinary level during flooded tome. As a result, they have to build houses on high stilts to avoid flood.

Agricultural communities (Landed-based Communities)

Agricultural communities are located 8-10 meters above sea level on large plains around Tonle Sap lake, so they are not much affected by flood. The area is suitable for agriculture and farming, especially for rice fields. There are 948 villages spread around Tonle Sap lake and there are a variety of settlements, like the cluster settlement on the mounds to protect themselves from flood and surrounded by rice fields, and the linear settlement along the edge of ancient Baray, with houses which were built on barrage and face the route, with rice cultivation on the plain of Baray's area. Generally, there are Buddhist temples separated from communities and there are clear boundaries in order to demonstrate sacred sanctuary. Over the settlement of farming communities on the mountain ranges of altitudes of over 10 meters above sea level, there is an area of dry dipterocarp forest which is a major forestry resource for construction materials.

The settlement of agricultural communities can be categorized into two aspects: 1) The linear settlement along the edge of ancient Baray, with houses which were built on barrage and face the route, with rice cultivation on the plain of Baray's area; 2) The cluster settlement on the mound to protect themselves from flood and surrounded by rice fields. The site plan of the house, surrounded by dirt yard, plant vegetable garden and fruit tree. Some house have a rice barn for family consumption. Generally, the architectural style is house on stilts, the roof ridge parallel along the road, less and small windows. The below house's function is animal husbandry and storage. The above house's function is a multipurpose hall within living and sleeping area. For large house could be separated 1-2 bedrooms. The architectural dwelling of agricultural communities can be categorized into

five types:

1) Khmer House: the roof slope more than 45 degree. The Khmer house is rarity style in present but some still found in the cloister of the Buddhist temple.

2) Rong House: there are less degree of roof slope than the Khmer house and have short eaves. Popularity built in during the war period as a simple construction and less material wastage

3) Rong Dol House: there are larger than the Rong House, one side is gable roof and the another side is hip-gable roof, expanding in both the long and wide.

4) Rong Doeung House: resembles as Rong Dol house but there are hip-gable roof on both sides.

5) Bid House: there are hip roof. This style has been popular and widespread among the Cambodia's Cham peoples.

There are three different types of settlement in Tonle Sap basin caused by natural conditions and limitations, especially by water level. Floating communities represent the basic needs supplied by natural resources and necessity to adapt their lifestyles due to the environment. Every family can access to such resources in Tonle Sap. In contrast, the settlement of land-based or agricultural communities is permanent. The boundary is clearly defined due to the fact that they are located on land. Water management is a key factor for agriculture.

The settlement of communities on high stilt (water-and-landed-based communities) portrays the combination of terrestrial and aquatic phase. That is, the settlement is permanent, with exact allocation of housing; however, their lifestyles are like those of the floating communities. The areas of this type of communities are between the land and the lake, connected by channel.

A HIGH STILT HOUSE COMMUNITY: THE CASE STUDY OF KAMPONG PHULK

Kampong Phluk is located at the Southeast of Siemreap, along the Rolous River, the main river which played important role in water management system of the Roluos group of temples or Hariharalaya ancient city, the center of Khmer empire during the 9th century before the Angkor period. The river, of about 80 kilometers long, runs through the floodplain, to the Kampong Phluk village, and finally to the Tonle Sap.

---

① Mark Sithirith and Carl Grundy-Warr. Floating lives of the Tonle Sap. Chaingmai: Regional Center for Social and Sustainable Development. 2013: 33-34.

The orientation of villages in Kampong Phluk community is on north-south axis, along the river, with earthen dyke road passing through the villages. The temple is the center of the community. During dry season, the earthen dyke road can access the upper part of Tonle Sap basin and public space for activities, such as repairing boats after the hard usage in the fishing season, and as the playground for children. The river is the main route to the lake. However, every house does not face the river or lake. That is, houses on the west side of the road do not face the river, so their boats need to be kept at houses on the opposite side. This well reflects close relationship of people in communities.

During rainy season, from June to October, the water level gradually rises, then communities are flooded, and boats are used instead. Tonle Sap becomes a place for aquatic lives, and fishing is the main activity at this period. When dry season comes, this area will be dry again. The community is surrounded by the flooded forest. Most of the trees are freshwater mangroves, which are used as firewood, but not construction materials.

THE ANALYSIS OF ARCHITECTURAL FORM AND FUNCTION

Generally, architectural dwelling in Kampong Phluk community comprises houses on stilt, with high poles and gable. Walls are deep and steep due to the fact that they need to face the circulation route and the river, then houses cannot expand, but need to be built in a deeper way. According to the field survey of 24 houses in Kampong Phluk community, houses can be identified into four main categories.

Type A : a Two-Bay House on High Stilt This is a two-bay house, with stairs directly leading to the house. The smallest house is only 12 square meters, as a temporary residence used while the permanent one is being constructed. It comprises of a multipurpose hall used as a chamber and kitchen. This type of house becomes more and more complexed, with separated roofed terrace, or extension below.

Type B : a Two-Bay House on High Stilt with Front Veranda This is also a two-bay house, but there is a veranda at the front as a transition space, as well as a semi-public space, as a living room. The smallest house is only 11 meters while the biggest one is 38 square meters. Although the size is much different, they share the same functions, that is there are a semi-public space, a multipurpose hall, a roofed terrace, a kitchen and washing area, an outdoor terrace for preparing

and drying fishing equipment, and a bathroom (but was found in some houses.) For those who are merchants, their shops are prepared at the area below.

Type C : a Three-Bay House on High Stilt with Extension Beside This is a three-bay house caused by extension beside. That is, the corridor is added to the hall, with separated area for resting. It was also found that in some houses, there is a corridor connecting adjacent houses of relatives.

Type D : a House on High Stilt with Roof Parallel to The Route This is a two-or-three-bay house with the gable roof; however, the function of the house is nearly the same as other types mentioned above. This type of house is not common as the extension needs to be done at the back, causing a deep and steep shape, with higher cost for construction.

The Relationship between the Length of the House and the Stairs Leading to the river

It was found that the length of the house directly relates to the stairs, leading to the pier, at the back of the house. That is, the stairs were found at the back of the house which is, at least, 15 meters long. Such stairs can lead to the pier without entering the house. This automatically brings about two entrances, that is one entrance to the road and one entrance to the river.

Expansion Below

For houses on high stilt, it was found that extension was done below, as a living room and kitchen, connected by stairs. This brings about another entrance, apart from the main one at the front. This function is ideal due to convenience during dry season. In other words, this area will be ignored during rainy or flooding time. For area for commercial purpose, the extension is normally done at the front, while the rest area and the kitchen are located next. There is also a chamber below, portraying lifestyles that activities of life are mostly done at the area below instead of the upper part.

THE ANALYSIS OF STRUCTURE AND CONSTRUCTION

The structure of houses on high stilt is mostly of wood, with two types of structure : 1) post-beam system; 2) structural bracing system. For post-beam system, it is the main structure to bear all loads, comprising the floor, walls, and roof. The space between each pole is about 2.5 meters wide, causing a square shape so as to share all loads. For structural bracing system, it is to support and strengthen the post-beam structure, and also to solve the problem of structure, of high and tall form, by laying the cross bracing between the posts throughout the depth and the width.

It was found that the overall structure can bear loads in three dimensions. That is, the post-beam system is vertical load-bearing structure caused by dead loads (weight of house) and live loads (weight of people and various appliances), while the bracing system is dynamic load-bearing structure, caused by the flood and wind. Periodically, flood overflows from the Mekong River to the Tonle Sap basin, so the level of the water tends to gradually rises. In addition, the waves also affect the boats and ships. In other words, wind load also plays important role. As a result, the shape of the gable roof is also affected, that is the slope should be less than 45 degrees to reduce the impact of the wind and storm during the rainy season.

For the construction of houses on high stilt, the main structure, especially the pillars, beams, and roof, need to be made of wood while other parts can be made of other materials so as to lessen the loads of the overall structure. Traditionally, the walls and roof were made of thatch, which is locally found and ideally proper for ventilation. This reflected the local wisdom, portraying how the locals live their lives compatibly with limitations caused by tropical climate. However, at present, construction materials are changed, especially those made of because of lower price and weight, but improper ventilation.

CONCLUSION

This study aims to analyze characteristics of the settlement, forms, functions, and structures of houses on high stilt in Kampong Phluk community in Siemreap province. The study reflects both the identity and characteristics of settlements of people whose ways of life face limitations caused by natural and geographical features. Due to the fact that fishing is the main activity for people to earn for a living, the locals need to settle both on land and in water so as to access resources provided by the nature. It was found that the settlement is along the circulation routes, i.e. roads during dry season and canals during flooding period. Water levels are the key factor affecting forms and structure of residences. That is, high poles are essential while post-beam structure is necessary to support the overall structure as well. Forms of the roof and the house can be categorized into four main features which go compatibly with the locals' different ways of life and economic status.

BIBLIOGRAPHY

Amos Rapoport. (1969). House Form and Culture. New Jersey: Prentice-Hall.

Aura Salmivaara et al. (2015). «Socio-Economic Changes in Cambodia's Unique Tonle Sap Lake Area: A Spatial Approach». Applied Spatial Analysis and Policy (April 2015): pp. 1-20.

Francois Tainturier. (Editor). (2006). Wooden Architecture of Cambodia A Disappearing Heritage. Phnom Penh: Center for Khmer Studies.

Isarachai Buranaut and Kreangkrai Kirdsiri. (2015). «Holistic of the Settlement and Vernacular Housing in Tonle Sap, Siem Riep, Cambodia». AR KKU Journal 14 (2): pp. 13-25.

Kumiko Tsujimoto and Toshio Koike. (2013). «Land-lake breezes at low latitudes: The case of Tonle Sap Lake in Cambodia», Journal of Geophysical Research: Atmospheres 118: pp. 6970-6980.

Mark Sithirith and Carl Grundy-Warr. (2013). Floating lives of the Tonle Sap. Chaingmai: Regional Center for Social and Sustainable Development.

Matti Kummu. (2009). «Water management in Angkor: Human impacts on hydrology and sediment transportation». Journal of Environmental Management 90 (3): pp. 1413-1421.

Mauricio E. Arias et al. (2012). «Quantifying changes in flooding and habitats in the Tonle Sap Lake (Cambodia) caused by water infrastructure development and climate change in the Mekong Basin», Journal of Environmental Management 112: 53-66.

National Poverty and Environment. (2006). The Atlas of Cambodia: National Poverty and Environment Maps. Phnom Penh: Save Cambodia's Wildlife.

ACKNOWLEDGEMENT

I would like to express my deepest thanks to Dr. Kreangkrai Kirdsiri, my thesis advisor, for all guidance and support, and Dr. Nantawan Muangyai for assistance to complete this article. I would also like to thank Associate Professor Den Wasiksiri and Dr. Chantanee Chiranthanut for support and warm wishes.

I would like to thank the Royal Golden Jubilee (RGJ), Ph.D. Program, the Thailand Research Fund (TRF) for financial support, then I am capable of working for my field studies for my Ph.D. thesis. Also, I want to thank friends and classmates of Vernacular Architecture, Silpakorn University, who are always my helpers.

沿边民俗文化的传承研究

广西艺术学院　江　波

资助项目：本文为2016年度文化部文化艺术研究项目《基于沿边民族文化特性的景观设计研究》的研究成果之一，项目编号：16DG59。

摘　要：沿边民俗文化的大新山歌歌圩具有浓郁的地域特色，尤其是"侬峒节"更加有其标志性的特点。"侬峒节"是大新壮民们自发形成的民间传统节日，侬峒是以山歌对唱为主打项目，同时还兼有美食节、亲朋好友相聚、联络族群关系等民族习俗方面的活动内容。"侬峒节"可以说是大新沿边民俗文化中具有标志性和唯一性的节日。随着时代的发展，年轻人愿意唱山歌的越来越少，更不要说山歌的唱腔、形式和内容的纯粹性方面的传承了。这就是本文的关注点以及当今非遗保护与传承方面的重要使命。

关键词：沿边民俗文化；壮族歌圩；侬峒节；保护与传承

0　引言

广西大新县是坐落在中越边境线上的沿边小县城，在这片祖国边陲的土地上，有着奇异的、风光秀美的山水，尤以亚洲第一大跨国瀑布——德天瀑布称著。在这片土地上更有世世代代生活着的勤劳淳朴的壮族人民，他们祖祖辈辈一直过着"日出而作，日入而息。凿井而饮，耕田而食"的、自给自足田园诗般的生活，壮民在这方土地上伴随着劳作和生命的感悟创造了许多具有地域性的民俗文化，其中最有代表性的当属当地的山歌歌圩"侬峒节"民俗文化。

这些壮族歌圩文化构成了具有本土特色的深厚丰富内涵的特征。山歌歌圩文化是壮族人民祖祖辈辈生活过程中所自然形成，而当地壮民对其具有一种深深眷恋、说不完道不清的深厚情结。山歌歌圩文化的涵盖面很宽，凡是在这片土地上的生活景象、人文和自然景观都属于其表达的范畴。这实际上就是中国几千年农耕文化的代表之一，侬峒歌圩深深地烙上了一种地域性特征——沿边壮族民俗文化的印记。

1　"山歌歌圩"文化的形成与发展

大新山歌歌圩一直以来是壮乡亲朋好友相聚、联络族群关系的民间习俗，那么在习俗文化中最为隆重的"侬峒节"更是大新县及中越沿边黑衣壮特有的民间传统节日，

至今已有一千多年历史。

1.1　山歌与歌圩文化

壮族山歌的形成最早可以追溯到原始时代壮族先人狩猎时呐喊的情形，呐喊不能算是歌，但它却是最初形成山歌声调的雏形。同时，也是与壮族原始社会的生产劳动和祭祀活动紧密关联而逐渐发展起来的。壮族山歌的类型有诉苦歌、情歌、风俗歌、童谣、生活歌、劳动歌、盘歌、历史歌、时政歌等。每一种分类里还有具体的内容，比如情歌类分有散歌、套歌、探问歌、赞美歌、讨欢歌、示爱歌、定情歌、交友歌、发誓歌、分别歌等内容，各个环节相对独立，又环环相扣，相互承转、紧密相连；在曲调上分有平调、喜调；演唱方法分有独唱、重唱、领唱、合唱等形式。因此组成了壮族山歌洋洋洒洒几十种甚至上百种的形式。壮族山歌具有一挥而就、随时创作的特点，壮族歌手们普遍具有出口成章、对答如流的才能，可以对唱几天几夜而不重复，而且唱功一流。它是壮族人民在长期生活实践中所创造的一种鲜活的民俗文化形态。

壮族山歌歌圩传统是在历史的进程中逐渐发展形成的，它代表着壮族人民日常生活中重要的娱乐形式。歌圩的形成还有一个民间的传说，历史上有一位壮族老歌手家里有一位长像出众的女儿，甜美的山歌唱得远近有名，年

轻的小伙子们纷纷向她求婚，这些帅气的小伙子们实在让老歌手左右为难，只能提出赛歌择婿。每个年轻小伙子都期望得到意中的美丽姑娘，因此纷纷从各地闻之而来，个个都使出了看家本领，形成了热闹的对歌场面，由此发展成了定期的赛歌集会——歌圩。同时也赋予了歌圩一个重要功能——青年男女谈情说爱的主题内容。歌圩的当日，青年男女们三五成群盛装艳服地来到歌圩会场，每位歌手各显神通，通过歌唱充分展现自己才艺和心声，以期找到自己的意中人。

山歌歌圩主要是在春、秋季节举行，大新歌圩以"侬垌节"最为隆重，歌圩可谓人山人海，场面壮阔。有关壮族歌圩习俗的文字记录在南朝梁代的记载中讲到宾阳一带的情景"乡落唱和成风"。到了北宋的乐史撰写的著名地理总志《太平寰宇记》中记载："壮族男子盛装……聚会作歌"；南宋时期曾在广西为官6年的周去非也曾著书提到壮乡对山歌的盛况，周去非辞官归乡后写了一部《岭外代答》书稿。这部书稿不但为宋人解答了处"南蛮"广西的风土人情，还比较形象地表述了壮族人民的歌圩对歌细节及盛况。周去非《岭外代答》卷四《送老》中写道："壮人迭相歌和，含情凄婉……皆临机自撰，不肯蹈袭，其间乃有绝佳者"。他在这里讲的"自撰"正是壮族对歌最为精髓和精彩之处，体现了一种临场的即兴与机智，也是人们乐此不疲的地方。"春三二月墟场好，蛮女红妆趁墟嬲。长裙阔袖结束新，不睹弓鞋三寸小。谁家少年来唱歌，不必与侬是中表。但看郎面似桃花，郎唱侬酬歌不了。一声声带柔情流，轻如游丝向空袅。有时被风忽吹断，曳过山前又袅袅……"，这是清朝乾嘉时期任镇安府（今德保县）知府的赵翼写下的诗句，对壮族人民这一传统习俗非常欣喜，对即兴而歌的才能由衷地赞赏与佩服。而周去非在卷十《飞驼》载道："上巳日（农历三月三），男女聚会，各为行列，以五色结为球，歌而抛之，谓之飞驼。男女目成，则女受驼而男婚定"，这就是壮族三月三对歌、抛绣球以达到寻找意中人的细节情景。明清之际，更有不少诗歌、文章赞道壮族歌圩场景，"木棉飞絮是圩期，柳暗花明任所之。男女行歌同入市，听谁慧舌制新词"。1949年以前编写的《广西边防纪要》中记载"沿边一带风俗，最含有人生意义的则为歌圩"。这些都充分体现了沿边壮族人民歌圩的盛况与内涵。

1.2 大新山歌歌圩形式

大新的歌圩被当地称之为"歌婆"或"侬垌"，是大新县壮族人民的隆重歌会，也是一个热闹交友的盛会。关于歌圩的形成与起源有一个美丽的传说故事：相传很久以前，在大新的山水间住着一户壮族人家，家里有两个俏丽漂亮的女儿，方圆几十里的小伙子们都托媒人来向她们求婚，但也没有使这姐妹俩中意、合适之人。于是姐妹俩便

对媒人说：向我求婚的人众多，也不好答应谁，最好、最公平的办法就是进行山歌比赛，我们约定个日子一起来到村头山脚下的树林里对歌，谁唱得最好、谁最聪明，我们就嫁给谁。消息一传开，年轻小伙子们个个翘首以待，到了指定的日子，年轻的小伙子们汇聚山下林间溪水边，一展歌喉尽显才艺。这山歌比赛唱了三天三夜，终于姐妹俩选上了如意的郎君。从那时起，便形成了群众自发的山歌歌圩。大新县歌圩始于唐代，至今已有千余年的历史，它是壮族饶有风趣的一种民族传统风俗。歌圩的举办是由各村屯按照历史沿传选定日期、地点举行，歌圩规模一般为五、六百人，多则五、六千甚至上万人不等。

大新山歌丰富多彩、形式多样颇有自己的特色，不同的乡镇自有形式，大致有以下几种类型，即潘山歌、抓山顶、诗雷、诗三句等。还有马采茶山歌、苗族采茶调山歌以及本地的白话山歌等六十多个山歌种类。其中以龙门乡三联村"高腔诗雷"为代表，是大新县最具本地特色的壮族民俗艺术形式。"诗雷"其壮语之意为"最高、最响、最美"，其音调亮亢、响亮以及具有当地特色的二重唱法的特征，在广西山歌中可谓独树一帜。歌手们在表演"斗唱"形式上，一般沿用一男三女斗、二男八女斗、十男三十女斗等各种形式的唱腔组合，把原汁原味的民族风情妙趣横生地展现了出来。每年农历三月二十六，这一天是当地最为隆重的歌节。届时远近村民盛装汇集三联村歌圩，男女老少以山歌会友、待友，最多时有上千人同场对歌，场面十分壮观。

大新歌圩的活动给那些歌手有了发展才艺的舞台，同时也为青年男女提供一个相互交往发展情谊的机会。这些壮族的歌手们虽然文化水平不高，却知识丰富、才思敏捷。在对唱时出口成歌，有的内容幽默、含蓄，有的夸张、比拟张弛有度，形象生动而耐人寻味。如"耳闻歌声心里跳，我唱不好也上场。鸡仔初啼音不亮，画眉学唱声不扬"；"宪木越老身越坚，结交越久情越甜。有心莫怕多考验，来年树下订百年。"很多的青年男女就是通过唱山歌从认识到加深了解，并产生爱情，直至最后结成伴侣。

1.3 "侬垌节"与沿边民俗

大新的"侬垌节"是以对歌为主体的民俗文化活动，同时举办丰富多彩的群众性文体活动，有抛绣球、舞狮、射鸡、抢花炮等项目；也少不了祭祀、法事等原生态民俗活动；还有另一吸引人的项目——美食节：村里家家户户均烤上一头金灿灿的脆皮全乳猪，杀鸡宰鸭，还有椿糍粑等颇具壮族地方特色的美食佳肴，传承了民以食为天的经典。

大新的歌圩与其他地方相比，更有另一番边地特色景象。在大新地处边境的硕龙、岩应、宝圩等地，每到这一天都能够看到成群结队的越南边民前来"赶侬垌"。在中越两国边境的一带都是一样盛兴"侬垌"，那些沾亲带故

的边民，都是相互往来参加两边的侬垌。这就是长期以来边疆的大新壮乡侬垌节的情景，充分体现了大新沿边壮民那份特别的淳朴善良与热情好客的情怀！

在侬垌节举办的村屯，亲朋好友都会翻山越岭提早赶到，客人还未进山寨，晒台上早就飘荡来甜美的《迎客歌》，然后是来客唱起感谢的歌声，感激主人的盛情邀请。在从前生活条件艰苦时期，前来赶侬垌的客人只能提供白米粥、玉米糊一类的食物，甚至还有自带饭团、粽粑。因为"赶侬垌"的目的是以歌会友，以歌传情，这个也是壮民们重要的文化精神活动，只要有歌唱，就是幸福快乐的好时光。现在经济条件有了很大的改善，侬垌节当天几百上千号的客人甚是壮观，人们兴高采烈涌进村落，热闹的气氛赛过隆重的春节。远亲近邻包括远方的客人无论相不相熟，都有美酒美食真情款待你。村里的每家每户都会准备上七、八桌菜肴，从中餐吃到晚上，村头村尾传来喧嚣的交谈声及一片猜码声。准备这么一顿丰盛美味佳肴，其费用往往要花掉村民一年的大部分积蓄，即便如此对于村民来说，能够招呼到的客人越多，就越能够收获更多的福气和好运，所以村民们年年乐此不疲。在这个特别的节日这样热情洋溢地接待来客，在全国乃至全世界只有在大新一带才会有如此情形。

据记载，清朝乾嘉时期任镇安府（今德保县）知府的赵翼曾对歌圩盛况做了详细描述，"粤西土民……每春月趁墟唱歌，男女各坐一边，其歌皆男女相悦之词。其不合者，亦有歌拒之，如'你爱我，我不爱你'之类。若两相悦，则歌毕辄携手就酒棚，并坐而饮，彼此各赠物以定情，订期相会，甚有酒后即潜入山洞中相昵者"。这就是非常淳朴生动的沿边民风。大新当地有句古话：有脚不会跳，白来世上跑；有嘴不会唱，枉然人一场。因为壮族的年轻人谈恋爱找对象结婚，大都是对唱山歌对出来的。在这一天，壮族青年男女们就会穿上自己最美的服饰聚在一起，对唱山歌表达心意，寻觅知音伴侣。能唱山歌而且唱得好山歌，其实也不容易。因为地处偏远"南蛮之地"的这里，老百姓是千年世袭土司统治下的平民，地位低下的他们是不能读书，所以普遍没有文化。而歌词则需要即兴现编、张口即唱，这是具有很大的挑战性。你不会唱山歌，自然是显得愚笨不聪明，因此连找对象也别人困难得多。反之，只要你歌唱得动听迷人，即使家庭条件再差，照样有姑娘喜欢你，自然不愁讨不到老婆。因此，大新一直以来还流行着"婚姻以唱歌私合，始通父母，议财礼"的风俗。

这里一年四季都有歌圩，在各个乡村山寨自发轮流举办。据《雷平县志》记载，每七百人左右就有一个歌圩，每个山寨村屯都轮着来。每年最早的举办歌圩日是在正月初四开始，这里的壮民特别热情好客，每当轮值赶侬垌的日子，村屯里便是家家户户敞开大门欢迎客人光临，无论

相互认识或不认识的都是盛情款待，并且来客越多主人越高兴，应念了大新壮乡的一句俗话：一个亲来九个跟。因此有人戏称从正月初四出门，只要带一块毛巾，就可玩到六月农忙割稻时节回家。

2 沿边民俗文化的保护与传承

在沿边壮族民俗文化中有着许多具有历史意义和研究价值的物质及非物质文化形态，这些民俗文化遗产是壮族传统文化在历史发展中凝聚出来的文化精髓。随着社会的发展，越来越多的壮族民俗文化遗产消失在我们的视线中。在大新，现在的年轻人不愿意继承学习传统民俗的壮族歌舞，出现了后继无人的现象。比如大新特有的"高腔诗雷"，现在能唱的不多，而且均为五、六十岁年龄段的人，从高腔来说气息已不足且不够稳定。所以就要采取有效的办法以实际行动去保护传承这些文化，尽最大可能不让它遗失在历史的长河中。

在如何传承的各个环节中，首先是承载体——人物，必须是当地本民族的；第二是器物，当地的生产工具、生活用具乃至服装首饰等等；三是境物，地域性的建筑居所、自然景观；四是文物，本民族的历史传说、文字绘画、音乐舞蹈。所有这些就是聚集形成一种气场、磁场，这就是特指的此地世居民族的物质与精神家园空间，也就是一种"场所精神"。

在这里借用挪威建筑学家诺伯舒兹在1979年提出的"场所精神"概念。所谓场所精神，就是我们赖以生存并且形成一种精气神的场所，其场所具有区别与其他地方的特殊风格空间，反映特定地段中人们的生活方式和自身的环境特征。使在此休养生息的人们产生对此环境的认同感、归属感和领域感。比如在一个民族村落以外来的人，即使穿上当地的民族衣服、戴上当地民族的首饰，他们的行为举止乃至神情传达出来的都不像当地人。所以在当地这个场所培植、演绎出来的才最真实，也是真正的活化传承。

大新的沿边民俗文化的形态丰富多样，而且具有地域鲜明特色。在大新县宝圩乡板价村有一支农民艺术团，团长农廷兴是小学的退休教师，为了搞活乡村文化建设，由农老师牵头在板价村组织了一支村民艺术团。艺术团根据板价村独有的民间歌舞，在农老师的带领下创作了20多个富有民族风情和乡土气息的节目。舞蹈有交友舞、竹竿舞、铜钱舞、狮公舞、铜鼓舞、打扁担；山歌主要是即兴而作，有敬酒歌、迎宾歌、送客歌、摇篮曲、情歌对唱等。这些节目内容全部是来源于劳动生活的总结与提升，显得非常的自然、协调与淳朴。板价民俗艺术团以自己自创的、原生态的艺术形式，再配上具有个性特点的服装样式，进行对外交流、旅游民俗表演等活动，现在已经名声在外。板价民俗艺术团的主打节目《蹬荡》在市、县各级的演出大赛中获取了一等奖、铜奖和优秀奖等好成绩，并且有了

一定的经济收入。因为这些因素以及艺术团日益声名远扬，逐渐形成品牌效应并吸引了外出打工的村民加入，这种形式对地方民俗文化不乏是一个可持续的、活化的传承举措和榜样。

大新县的侬峒节是世界上独一无二的民俗文化活动，它由千百年来农耕文化演化形成，具有较强的农耕文化的经典展示特性。侬峒节是大新壮民们自发的、具有高度自觉参与的大型群众性活动。但是随着时间的推移，"侬峒节"的形式一直存在，甚至越来越热闹，但是其实质性的内容已经大打折扣，山歌对唱的技术含量正在削弱，一是能唱会唱的人逐年减少，呈现青黄不接趋势；第二，掌握高难度技巧的歌手凤毛麟角。所以在使其延续下去的同时，还要注重吸引培养一批热爱本地山歌，在山歌特色、演唱技巧和文化内涵层面上的本土山歌传承人才，保证地域性侬峒歌圩的纯粹性，才能更好地传承与复兴侬峒民俗文化。

3 结语

大新沿边壮族民俗文化具有极大的保护和开发价值，其主要代表项目——传统侬峒节是壮族歌圩文化的唯一性，具有本土壮族气象的文化形态和民俗气场；同时也具有强大的社会功能，即积极向上的精神文明、邻里友善的良好社会风气、民族团结的荣誉感和自豪感。打造好这个不可多得的沿边民俗文化，这将会大大增强我们民族的自信心及人民的幸福感。也是我们深深的乡情寄托，更是得以慰藉的那份浓浓的乡愁。

参考文献

[1] 广西科委会壮族文学史编辑室. 壮族民间歌谣资料，内部资料，1959.
[2] 摘自《广西地方志》期刊 2012 年第 1 期
[3] 孙舟. 百里画廊行 [M]. 南宁：广西民族出版社，2012.
[4] 童健飞. 大新县志 [M]. 上海：上海古籍出版社，1989.

鼓楼构筑　画境成就

——漓江画派创作基地项目设计实践

广西艺术学院　黄文宪

摘　要：在传统建筑学习研究的基础上如何去创作新传承一直是设计师们实践及设计教育的过程中不可回避的问题。我们作为从事多年以西方传统建筑和现代环境设计为方向的研究生教学团队，抓住了漓江画派创作基地项目的设计实践机会，针对侗族鼓楼建筑进行了一系列研究、分析，从中吸取创作营养，激发创作构想，见证了这个项目的始终，在此与大家分析创新的心得。

关键词：侗族鼓楼深度研究；创作基地设计实践

侗族是古代百越人的后裔，其语言为壮侗语系，现多居住在湘、黔、桂之交界处。侗人的居住环境，以苗、瑶、壮、布依、毛南等西南地区各族人民的居住环境相近，其村落的布局意向相似，居住的形制和构造也大致相同，主要采用干栏式建筑形式，当然也有不同之处，特别是侗寨建筑比较容易认知，因为在侗族的村落中，具有独特样式的鼓楼，巍峨壮观，卓尔不凡，层层叠叠，气贯云天，使初入者精神为之一振，下意识地感觉到这就是侗乡啦！鼓楼成为侗族最明显的标志性建筑，有如西方的教堂一样，引领人们进入其精神境界和灵魂深处，引领建筑群落聚集在其四周的前后左右，展示出群龙之首统领驾驭之神奇。鼓楼与歌坪、戏台、萨堂共同组成了侗寨的生活核心圈，是侗民族精神的物化和结晶，反映了其文化能量和辐射力，是其社会经济、民族风俗、工程技艺全面的集中展现。正如著名建筑理论家查尔斯·摩尔在其《人类的能力》一书中指出"我们的建筑如果是成功的话，必须能够接受人类大量的文化能量，并把这些能量储存凝固在建筑之中"（图1）。

1　鼓楼的形制

鼓楼的平面布局相对简单，主要有三种形式：四边形、六边形和八边形，还有从中衍生出来的其他组合，通称为"回字形"平面，即由落地的内外两圈柱阵组合而成，加上不落地的中心柱体，共同组成其布局方式。

图1　侗族鼓楼1

鼓楼的平面造型相对丰富，主要由两种形式：塔式和阁式，以其连体建筑的组成和变化，基本采取一般密檐格式和密檐与重檐的分段格式。鼓楼的重檐虽多，但整体有一层和二层。

鼓楼的空间结构主要有两种做法，分为抬梁穿斗式和混合穿斗式两类，下层较为宽敞，然后层层收窄，高至三层至十九层不等，形成内部深邃高远的结构空间。

鼓楼的外部形态有两个特色，一是高，如塔如阁，直上云天；一是叠，重叠如杉，茂盛聚集，富有良好的寓意和吉祥的愿景。鼓楼有攒尖顶、歇山顶、悬山顶多种。檐角多有花卉龙凤图案装饰，斗拱则为交叉形装饰结构。

鼓楼的细部装饰受到中原文化的影响，但具有明显的侗族文化的特征。亭刹则以葫芦及变体为主，檐板有花草图案，屋脊则用凤凰狮子作装饰，窗棂用斜格方菱回文格为主，丰富多彩。

图2　侗族鼓楼2

2　鼓楼的功能

鼓楼的历史可以追溯到唐代，《唐书》有"会聚铜鼓吹角"的记载，明朝万历年绥宁县官府《常民册示》有"村团或百余家或七八十家，三五十家，竖一高楼，上立一鼓，有事则击鼓为号……"的记载，现存最久的鼓楼建于清代初年，侗乡村村都有鼓楼，大的村寨有的多达五座，蔚为壮观。鼓楼的功能主要有三个：

聚集议事。鼓楼最重要的功能是议事，如有天灾、火灾、外租侵扰，通过鸣响鼓楼中的大鼓，整个村民就会闻鼓而动，聚集楼下，由族长和老者宣布经商议达成的决定，安排人员事务，抗灾御敌，力保村寨平安，永续发展。

祭拜庆典。鼓楼下层设有火塘，火塘之火常年不息，用以取暖防寒，集合歌舞，老者讲古，琴师畅吟，青年男女对歌寻欢或祭拜庆典活动，体现了侗族人们喜爱集体活动，热心公共事务的民族性格。鼓楼也成了侗族人们生活活动的中心。

寄托精神。侗族的历史与其他少数民族的历史相仿，都有一部种族迁移的历史，由于古代原始部落的生存斗争所致，他们从平原移入山区，生活条件艰苦恶劣，只有用全族人的团结才能抗击天灾人祸，鼓楼是侗族人民的精神寄托，是他们顶天立地的意志表达，通过在鼓楼观察的祭拜祖先活动，面对如巨杉树一样耸立不倒的鼓楼使民族的自豪感得以无限提升。

3　鼓楼的创新

鼓楼经历了千年风雨，在祖国的西南大地上，由于侗族人民的集体创作，从空间形态、结构、空间、功能方面都有许多精彩的表现，成为西南地区民族建筑的典范，给

人们留下了丰富美妙的视觉感受和精神启示，是中国的物质文化遗产，也是人类共同的物质文化遗产。学习研究借鉴这一宝贵遗产是我们建筑设计者义不容辞的责任，经过多年的探索考察，将其设计理念进行再创作，付诸实践中，是本人长久的心愿，也是我们这一学术团队的心愿。恰逢漓江画派创作基地的设计项目给我们以机会，在把握鼓楼历史脉络的基础上，我们根据所在的地形地势、功能要求作出了相应的方案，经过一年的实施建造，这个项目现已竣工验收，其整个设计创作的思考，立足于因地制宜，因材施艺，因需造型，因人致用的经验，值得总结，简述如下：

因地制宜。项目实施的地形是一个林木丰茂的山地，在方案中，我们设置了一个以鼓楼为造型的建筑中心，周边包括画家住宅、工作室、展览厅、会议室等多项内容，利用山地高差错落巧妙的安排了所有的功能空间，使之形成有机的整体。

因材施艺。为落实绿色设计的理念，我们摒弃了原设想以木材为主的建筑方案，改用以钢筋混凝砖体为主，配合当地生产的竹、木、青瓦、灰檐用于不同的建筑空间，使其在保留地貌风格的基础上又有乡村风味（图3）。

图3　漓江画派桂林创作基地实景照片

因需造型。遵循尽量少砍树、力保百年老树的原则，建筑造型按树木的位置来安排，原有的十几颗樟树及两颗榕树得到保留，结果使建筑群体隐落在绿色的植被之中，产生了建筑在风景中的视觉效果（图4~图9）。

因人致用。在以鼓楼造型为基础的前提下，我们整合了吊脚楼、风雨桥廊各种地域性建筑的造型样式，既满足了环境的要求，也满足了画家使用的要求，还利用坡屋顶的空间做成了楼中阁楼，增大了居住使用面积，利用鼓楼上层，通过加设木格窗形成通透的室内空间，作为画家交流画艺的空间。建筑下部结构支撑空间则通过分隔成为画家创作空间，总之以人为本，为人着想，成为设计总的指导思想（图10）。

图 4　漓江画派桂林创作基地实景照片

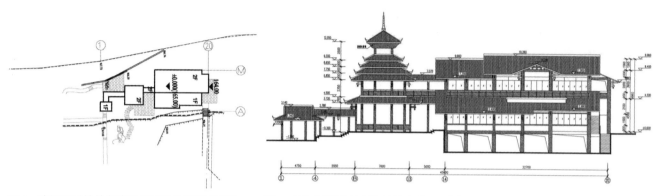

图 5　漓江画派桂林创作基地项目总规划平面图　　图 6　漓江画派桂林创作基地建筑正立面图

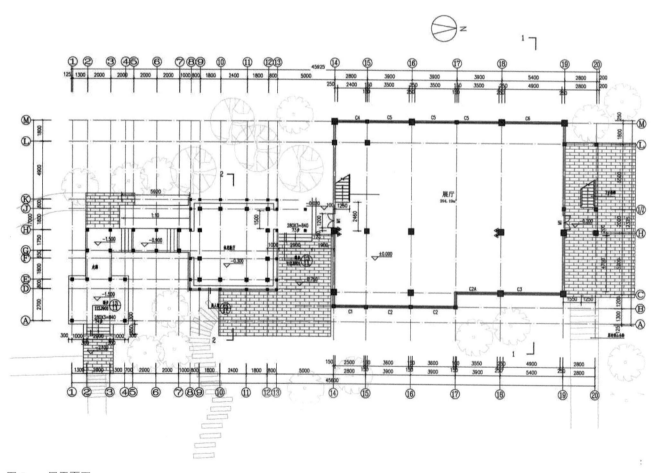

图 7　一层平面图

图 8　阁楼效果图

图 9　接待用客房效果图

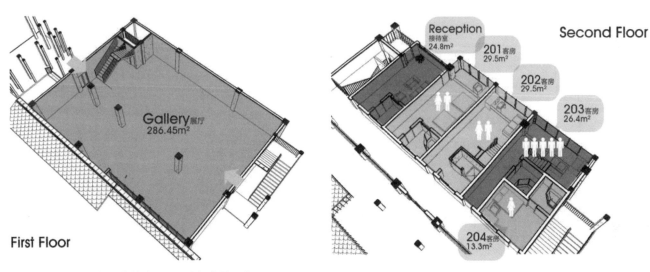

图 10　漓江画派桂林创作基地一二层空间布局示意

本项目的完成是在深入调研的基础上，对鼓楼及其他侗居式样进行了一次创新设计的实践，如今这栋体型丰富，功能多样，与环境条件和谐融合的建筑，已成为广西文化建设的重要工程，漓江画派的画家写生创作基地。随着建筑的启用，建筑环境的进一步完善，使用效益和社会效益将会完整的展现出来。

东盟背景下广西地域性建筑设计学位研究生培养模式研究

广西艺术学院　韦自力

资助项目：2015 年学位与研究生教育改革专项课题研究项目《东盟背景下广西地域性建筑设计教学研究》，项目编号：JGY2015109。

摘　要：学位研究生教育是我国高层次人才培养的核心内容，加强学位研究生培养的针对性对解决研究生教育存在的普遍性问题具有重要的战略意义。文章在研究生培养模式的改革中提出学位研究生培养需要构建理论与实践相结合的知识体系和育人平台以及相关的奖罚机制、学术交流环境等，形成高效、可行的广西地域性建筑设计学位研究生培养的新模式。

关键词：地域性建筑设计；学位研究生培养；针对性

1　绪论

学位研究生教育是高等教育的一个高级阶段，其发展的层次和规模标志着一个国家的文化水平和科研水平的高低。研究生教育质量的水平由研究生培养模式的基础决定，研究生教育体系的发展和完善是时代进步的必然要求。现代教育发达的国家在传统教育的基础上锐意改革、积极进取，逐渐形成系统化并体现多元性和灵活性的教育模式，成为现代教育的成功范例。中国由 34 个省、市、自治区组成，有 56 个少数民族，各区域自然环境与气候特点相差很大，民族文化各具特色。因此，目前国内各高校在办学定位中都把地缘优势、地域文化融入进来，力争制定学科发展规划并通过大力发展学位研究生教育来提高学校的教学水平和科研水平，形成优势和特点，增加学校的综合竞争力。广西地处我国西南地区，是少数民族人口最多的区域，因此地域性问题的研究无疑是广西学位研究生教育重点关注的方向。近年来，艺术设计学科建筑设计等方向的导师和研究生们，在山地形建筑设计、西南民族建筑与环境艺术设计、新农村改造设计、少数民族村落的旅游规划设计、乡土建筑的传承和保护设计等方面做出了多方的尝试和努力，探索广西地域性建筑设计教育、建筑设计实践以及建筑设计研究"三位一体"的学科发展思路，在学科建设中注重普遍性问题和前沿性问题的研究，针对建筑设计学位研究生培养普遍存在的问题，结合广西少数民族地区自然环境及人文环境的特点，探索与时俱进的广西现代建筑设计教育，以期建立高水平的广西地域性建筑设计学位研究生培养体系，促进广西经济建设的蓬勃发展。

2　建筑设计学位研究生培养普遍存在的问题

2.1　建筑设计学位研究生培养模式单一、缺乏针对性

建筑设计学位研究生培养存在脱离特定区域、特定环境的学习和研究，一味强调基本技能和基础理论的学习，脱离了研究生培养要体现因人而异、因时而异、因地制宜的特点，没能把研究生培养与个性化实践相结合，没有很好地依托研究生创新项目或导师项目把学生推向学术前沿，没有将研究生的培养与学科发展、与地域性人才培养结合起来，并且没有根据不同的研究方向、不同学位类型制定不同的培养方案。很多时候都是采用批量式的培养方式，造成研究生自主性学习和研究性学习能力不强现象，很多建筑设计学位研究生在学习中不知所措，不懂得通过研究性学习构建自身的专业评价体系，变为导师的作图工具，这些问题的出现反映了学位研究生培养模式缺乏应有的针对性特点，显现出培养模式单一化。

2.2　学术型研究生创新能力培养不足

学术型研究生教育的主要目标是培养具有创新知识和探索未知领域的高层次人才，重点是培养在专业领域中创

造性地发现问题、分析问题和解决问题的能力培养。目前很多研究生读研的目的是提高学历，拓展就业的机会，这就让学位研究生的培养流于表面，同时导师的授课内容、授课方式与本科教学有一定程度的重叠显现，缺乏自主研究性学习的内容。有部分学术型研究生用大量精力帮助导师做课题、完成科研项目，却没有自己的系统化课题研究内容，不利于理论创新、实践创新特质的培养。缺乏学科交叉知识体系的构建，只重视本专业门类的学习，忽视边缘学科的关联性学习研究，学术视野不够开阔等。这些林林总总的现象说明学术型研究生创新思维、创新实践能力的培养存在一定问题。

2.3　专业型研究生实践机会不足，缺少系统性

专业学位研究生属于应用型人才，主要是通过学习和掌握专业知识和技能服务地方经济建设。在专业学位研究生的培养中将地域性实践项目引入课堂，是研究生培养的必备条件，在实践中认知、在研究中成长是一个健康的学研过程，部分研究生很少甚至从未参与到专业实践过程中，只是做一些虚拟的设计项目，使建筑设计专业型研究生培养不接地气。还有部分导师直接将自己承接的地方性建设项目的制图任务交给学生，自己勾草图，然后交给研究生使用计算机制图，学生在设计实践中没有完整参与到项目的调研、设计定位、设计创意中去，仅仅是充当"制图工具"的角色，或者由于工程项目的周期过长，研究生因为其他课程的原因，在项目实践时很难完整参与到实施的过程当中，更多的是接受一些零碎的、片段的工程信息而已，这种缺乏系统性的实践教育方式对有明确专业指向的研究生帮助是有限的，因此如何有效地利用地方企业的平台，提升研究生的实践能力，实现学校与企业的共赢是高校与地方管理部门急需解决的问题。

2.4　学位研究生考评制度不完善

研究生三年在读期间的考评主要分为学分考评、专业设计中期考评、毕业设计和毕业论文考评，考评侧重于结果和完成情况，对研究生创新能力和实践能力的考评缺乏规范性的要求，学生完成了基本的课程内容、中期展示和毕业设计、毕业论文之后就可以顺利毕业，使得研究生学习缺乏必要的压力，造成"严进宽出"的现象。从目前情况看，建筑设计学位研究生除了中期展、毕业设计展及毕业论文的课程考评体系比较严格之外，其他环节的管理比较松散，研究生在读书期间很少感受到压力的存在，因此，构建严格的研究生考评体系，提高学位研究生管理水平是工作的重中之重。

3　广西建筑设计学位研究生培养模式的改革思路与对策

3.1　加强学科特色的针对性

广西地域性建筑设计学位研究生培养模式的探索与实践应该从学科发展的前沿动态中得到相应的启发，地区经济建设与高层次人才培养的关系应该是相辅相成的关系，这一点必须得到清楚的认识，社会的需求是学位研究生培养的试金石，同时建筑设计教育脱离了地域性特点是苍白无力的，缺乏应有的针对性特点，与"产、学、研一体化"的原理相背离。因此需要积极地建立和完善具有广西地域性建筑设计教育为核心的学位研究生培养模式，构建地域性建筑设计文化理论体系，致力于少数民族地区建筑的保护和新农村改造、民族地区特色旅游开发的探索研究，建立地域性建筑实践教学基地，培养思维创新、实践创新的高层次人才，改变学科特色不明显、地区特色不突出的培养体系，加强学科特色的针对性，建立起具有广西地域性文化特色的建筑设计学位研究生培养体系。

3.2　体现高层次人才培养的多元化特点

学位研究生培养模式必须是高素质人才的培养模式，因此必须具备以下两个方面的特点。一方面是综合素质的培养，包括了学生的人生观、世界观、道德观、价值观等内容，培养学生立志提升人类生存、生产、生活环境的责任心，在基础理论研究和专业实践中坚持可持续发展的态度，培养学生的团队精神，以团队利益高于个体利益的协作精神为基础，在多元化学科教学体系中彰显个体能动性的特点，提升团队的竞争力和品牌效应；另一方面是高素质人才的多元化培养必须依据建筑设计学位研究生的不同类型制定与之相适应的教学内容，通过"请进来、走出去"的方式，采用模拟课题、实践课题和地域性项目进课堂的方式进行教学，从实践中去发现问题、分析问题和找到解决问题的办法，让学生在实践中和学科前沿的理论学研中去开拓思维、创新思路，体现出学位研究生培养的多元化特点。

3.3　构建"产、学、研一体化"的学位研究生培养体系

（1）注重提升学位研究生的专业理论、专业实践和可持续发展能力的培养

广西地处我国西南少数民族地区，地域性文化资源丰富，因此在建筑设计学位研究生教学中融入广西地域性文化元素是建筑设计教育回归本土化的必然趋势。近年来，通过不断地教育实践和革新，逐步建立和形成广西地域性建筑设计高层次人才培养的理论体系。一方面，在课堂内容的设置上，不仅保留国内外建筑设计史论课程的内容，还针对性地融入广西地域性建筑发展史的内容，让学生掌握地方建筑文化特点，强化学生对地域性问题的关注和研究。另一方面，通过田园调查、采风、收集地域性建筑的一手资料，循序渐进地把地域性建筑设计的理论和实践相结合。通过广西地域性建筑设计研究项目课题，将广西的自然环境、人文特点、经济状况

等要素纳入到建筑设计课程中，完善广西地域性建筑设计教育的理论框架，开阔和提升学位研究生理论视野和专业实践能力。

建筑设计学位研究生教育首先是人本主义教育理念的集中反映，人本主义教育理念就是强化学生学习的主导地位，重视学生的主观思考和主观能动性的培养，尊重他们的人格权力，让学生从根本上感受到人性的关怀和呵护，强调学位研究生教育培养的目的是"人"而不是"机器"。注重研究方法和实践能力的提升，强调研究生培养是因人而异的培养，应根据学生对专业理论和实践的关注点的不同进行具体而有针对性的教育模式，强调个性化学习和研究，从而建立起研究生专业领域的学术评价体系，使他们在基础理论和专业实践中树立自身对问题的独特看法和解决问题的方式，使他们具备不断提高自我的能力，毕业之后能够成为独立人格的学者和设计师，可以不断地吸收和更新专业领域知识以达到可持续发展的目的。

（2）构建地域性建筑设计人才培养的实践创新平台

在广西地域性建筑设计人才培养模式改革中有一个很大的特点就是将教学延伸到学校之外。一方面建立"三江侗族自治县木构建筑博物馆教学实践基地"，聘请侗族木构建筑营造技艺的国家级非物质文化遗产传承人、中国工艺美术大师——杨似玉先生作为教学基地顾问导师，让研究生在地域性建筑考察实践中领略传统技艺的精髓；另一方面建立与"产、学、研"相结合的实践平台，通过与广西主要的建筑科研院所、建筑设计院以及设计公司，如华蓝建筑装饰有限公司、广西建筑科学研究设计院、广西建林装饰工程有限责任公司、广西建工集团桂港装饰有限公司、广西环美空间艺术设计有限公司等建立校企合作协同育人培养基地，让研究生"走出去"，在实际的项目中学习，在探索中总结，从而建立高层次的广西地域性建筑实践创新人才培养平台。此外用"请进来"的方式将地域性建筑设计的实际项目引入课堂，在导师的带领下，以实训的形式完成了南宁市六景大桥步江文化科技产业园规划设计及建筑设计、龙州县山水弄岗度假村景区规划设计、景区度假酒店设计、会所建筑及室内设计、贵州荔波文化旅游规划设计等。将地域性建筑设计教研的成果运用到广西新农村建设中，先后完成了三江县八江乡马胖村（国宝村）的生态还原设计和新农村改造设计，崇左市"骆越古城"概念性规划设计，龙州县逐卜乡板晓屯、板牌屯、下案屯、廷额屯的新农村改造项目等，研究生通过实践活动，一方面将感性的知识上升到理性的层面，并且在实践中去寻找解决问题的思路和方法，另一方面可以服务地方，与社会接轨。这无疑是地域性建筑设计项目融入教学的

优势所在。

3.4 创建高水平的国内外学术交流环境

广西地域性建筑设计学位研究生教育，立足于中国东盟区域中心的地缘优势，面向亚太地区特别是东盟地区挖掘建筑设计教育的内在联系，共同研究地域性、民族性、生态性、社会性等相关的研究生教育体系的构建。从2014年起，每年在广西南宁举办"中国·东盟建筑空间设计教育高峰论坛暨教学成果大赛"，参加论坛交流活动的国内外专家学者70多位，参与论坛的国内外高校20多所，通过论坛的交流，开拓了学位研究生教育的视野，研究生也从论坛的交流中拓展了知识面，在不同思想、不同观念、不同体系磨合中相互碰撞、相互借鉴，激发了学生主动学习、积极探索未知世界的精神，同时组织和指导研究生参加"中国环境艺术学年奖"、"'5+2'中建装饰杯环境设计大赛"、"中国手绘艺术设计大赛"以及"威尼斯双年展"等国内外专业设计竞赛，学生在竞赛中将自己的学研成果及实践成果展现出来，不断调整和完善自我的学术评价体系，这种"以赛代练"的研究生培养模式的顺利实施，得益于高水平学术交流平台的搭建。

3.5 构建严谨的、合理的研究生考评体系

研究生考评体系的核心是建立严格的管理机制，奖与罚制度的运行在学位研究生就读期间是十分必要的，尤其是需要强化中期展的考评功能，这一阶段是承上启下的阶段，也是个性化培养的分流阶段。毕业设计和毕业论文作为研究生创新能力考核的最为直观的成果形式，不光要重视设计的画面效果，更要重视研究生设计思维的创新，题材的表现不光是老题材老方法、新题材老方法的表现形式，还应该重点考察老题材新方法、新题材新方法的表现，在创新方式方法上做文章、找差异，毕业论文也要严把质量关，除学术学位毕业论文全额盲审之外，专业学位毕业论文也做抽查盲审处理，避免学生的投机取巧现象，论文评审不能只看写作的规范性问题，更要对文献综述的查阅、论文的创新点以及问题解决的程度予以高度重视，使学生的创新思维、创新能力达到高素质人才应该具备的高度。奖与罚的区分对待是促进研究生学习的润滑剂，在研究生在读期间分别有国家奖学金、学业奖学金的奖励制度（其构成分别由平时成绩、平时的科研成果与设计成果的获奖情况、学术论文的发表以及学术活动、社会实践参与的积极程度而定），奖学金的目的是奖励优秀学生，末位淘汰，对刺激研究生"优中更特"有很好的作用。

4 结语

广西建筑设计学位研究生培养立足于广西地缘优势，把广西地域性问题的研究纳入到学位研究生课程体系中，

增加高层次人才培养的针对性，同时搭建高水平的学术交流平台，构建有效的研究生管理机制，完善研究生培养体系，形成研究生培养新常态。从宏观的调控到微观的深化，合理调控"产、学、研"的关系，发挥东盟的地缘优势，促进合作与交流，避免"关门办学"现象的出现，为学位研究生教育提供良好的基础。

参考文献

[1]　薛天详 . 高等教育学 [M]. 南宁：广西师范大学出版社，2004.

[2]　顾秉林，王大中等 . 创新性实践教育 [J]. 清华大学教育研究，2010（1）.

[3]　陈新忠等 . 研究生创新能力评价的三个基本问题 [J]. 学位与研究生教育，2010（1）.

未来侗族村庄乡建项目中的合作共同体

广西艺术学院　莫敷建

资助项目：2016 年度广西高校中青年教师基础能力项目《基于互联网思维的传统聚居村落传承设计研究》的阶段性成果，立项编号：KY2016YB297。

摘　要：新型的乡建模式正逐渐步入从多元角度进行爆发性突破的时期，设计方法论在此类项目中越来越受到设计师的关注。而对于多设计主体的复杂纬度的设计分析成为其中重要的铺垫环节。本文将就此问题展开论述。
关键词：未来村庄发展主导权属性；合作共同体；设计结构

1　关于未来村庄的设想——村庄发展主导权属性的叠加与强化

在未来侗族村庄中，原住民、互联网企业、隐士和精英知识分子，这四类人群中的任何一类都代表了一个由四个半个部分结合而成的完全社会里的杰出的那半个部分；而这四个半个部分则都将主宰同一个充满着兼容性的社区。由于从事土地耕种的人们都已住进了城镇里，并且已让自己和城镇融为了一体，他们已不住在乡村或分散的定居点里，所以他们已不再是地道的农夫了。虽然他们生活习惯的很多方面以及他们的思维方式仍然保留有传统乡居的影子。

而在新型的未来侗族村庄会住着一个有知识的阶层，当地种地的人们以及社会地位低的人们把这个知识阶层尊称为"先生们"。这些所谓"先生们"的特点是举止文雅、肯担负起保护他们所在的村庄居住者权益以及文化传承性责任，有很强的社会责任感和道德责任感，而且不和当地的一些歪风陋习沾边。他们成了当地的一个小小的管理者阶层。实际上这帮"先生们"是（在行政事务方面以及文化事务方面）充当了介于双方之间的中间人这双方即以管辖该镇的政府为一方和以该镇的以半农半商为业的居民为另一方。但是每逢该镇与其他镇群体产生文化冲突、利益冲突时，这些"先生们"在立场上总是站在该镇的文化传承与保护立场的一边来与外来的文化势力抗衡。镇上的这些"先生们"在这样做的同时还与其他镇上的"先生们"联手来处理双方共同关心的行政事务和商业事务。

在未来，一个完全的、更大型的乡村社会里，或许会出现由精英层在文化方面向农民层施加教育和示范作用的现象，这么一种现象按说也应该出现在一个由农民们和类似农民的人们组成的社会里。如果把一个在完全的、更大型的社会里出现的精英层在文化方面向农民层施加教育和示范作用的现象描绘成为仅仅是在统治和被统治之间才会出现的现象的话，那就是把事情看得太偏激了。因为这些状态在原住民和精英层分子的关系中都是常会出现。村庄原住民受教育少，这一点农民自身十分明白。而那些受过良好教育的人们的一生中虽有部分时间是生活在他们出生地的社区里，但是他们有相当多的时间是生活在都市人的圈子里，所以他们很容易蔑视农民。不论在世界上的什么地方，城里人在对待乡下人的态度里总蕴涵着蔑视、自以为高人一等，或者"羡慕"乡下人的纯朴、吃苦耐劳乃至无邪天真等，这种"羡慕"不啻于是蔑视的另一种表示方式。至于农民，他们则承认自己低于城里人一等，因为自己缺文化少教养，但又本能地觉得城里人总结出的所谓"乡下人的纯朴、吃苦耐劳乃至无邪天真"是至理名言，从而鄙视城里人的懒惰、虚伪和骄奢淫逸。农民会承认自己在文化水准上比城里人低，但在道德层面上则要比城里人高得多。

在那些专门研究社会结构的研究人员来看，乡村原始型的社区是一种比我们通常所见的社区要小得多和简单得多的社会结构系统。在这种系统里，人际关系是非常紧凑的，多是私人与私人之间较为协调的来往。随着文明的扩展蔓延，社会关系就逐渐越出了地方性的社区范围而且大大地减弱了它的协调性（这是各种类型的工业竞争的必然后果），接踵而来的是越来越多的公事公办的、非私人之间的人际关系的出现。

但在由农民组成的乡村传统社会里倒是出现了比较稳定的农民社区与全体国民的生活状态（在有些国家里则是与封建阶级的生活状态）之间在大面上彼此协调的状况。在这种情况下，整个社会就转变成了一个"更大型的社会制度"。什么叫"更大型的社会制度"呢？那就是在一个大型的社会制度和它的文化之下存在着另一个小一点儿的社会制度和它的文化。也就是说一个社会制度包含了属于它的高级的"一半"和属于它的低级的"一半"。这两个"一半"凑成了完全的它，即这个大的社会制度。它的这两个"一半"之间在文化方面的关联是不能掉以轻心的问题。萧伯格说："精英层把自己所创造出的辉煌成就展示给农民看了……而且促使社会制度里的农民的'一半'主动去理解精英层之所以必须存在和延续下去的深奥机理"。我们不妨把侗族原住民的文化想象成一个和另外的几个比它大但在轮廓上不如它清晰的文化圆圈半重叠着的小圆圈；同时，不妨把侗族原住民阶层的生活想象成是处在一个很低位置上的圆圈，它在沿着一个人类文明给它铺设的螺旋形上升的轨道向上滚动着。

2 未来村庄中高于族阈共同体的新型合作共同体

对于一个社会来说，最为理想的秩序应当是创制秩序与自发秩序的相互补充和相互支持。而传统侗族族阈共同体中的秩序模式却是根本无法做到这一点。

在族阈共同体的建构过程中，我们可以获得这样一种启示，即当人类发现和确立起了法的精神后，就可以根据法的精神来建构族阈共同体，如果人类能够发现和确立起伦理精神的话，如果人类能够实现伦理精神对法的精神的替代的话，如果人类能够切实地把伦理精神转化为基本的生活原则的话，如果人类能够把伦理精神贯彻到组织模式的设计之中去的话，那么，就可以实现对一种高于族阈共同体形态的共同体的自觉建构。

笔者认为，在当下的历史发展和社会运行之中，关于未来侗族村庄乡建项目的多主体特质存在着呼唤合作共同体的客观要求，并正在汇聚成一种客观必然性，如果顺应这一要求，按照这种客观必然性所指示的方向而作出自觉努力的话，我们就将建构起一种合作共同体。那样的话，我们就会看到中国乡村的建设发展历史将呈现出这样一幅图景："在农业社会，人类的社会生活共同体形式是家元

共同体；在工业化进程中，特别是经历了 18 世纪的思想启蒙运动，人类开始用族阈共同体替代家园共同体；而现在，人类正处在后工业化进程中，建构起合作共同体并实现对族阈共同体的替代将是合乎人类历史发展和社会进步客观要求的举措。人类正处在大变革的时代，这种变革绝不止于在族阈共同体框架下对行动方案进行修修补补，也不会满足于任何一项局部性的调整，而是需要承担起共同体重建的历史使命，那就是合作共同体替代族阈共同体。"

3 未来侗族村庄乡建模式的设计结构

同一性追求反映在一个未来侗族村庄的建构过程中，就是要求按照同一标准、同一规则去规制具体的多样性世界，让多样性的世界包含和体现同一性。但是在未来村庄的乡建设计系统的建构中，如用同一标准、同一规则去规制设计目标的时候，会十分容易陷入与差异作斗争的困局。

就笔者现有的贵州铜关侗族大歌生态博物馆乡建实验而言，所有的使用主体差异归结到一点，就是设计核心与设计辐射边缘的差异，同一性可以消除一些差异，而对于中心与边缘这样一个根本性的差异，则是无法消除的。因为，必须在容纳中心与边缘差异的前提下把中心与边缘的一切存在都纳入到同一个设计模式中来。结果，所能实现的就仅仅是形式上的同一性了，至于实质上的差异则是无法触及的，甚至反而会在获得形式同一性的时候增强其冲突性。

未来侗族村庄乡建模式的设计系统在结构上是一个中心——边缘结构，且在前述的族阈共同体解构时，也已析出，同一性追求本身就是一种哲学谵妄。对未来侗族村庄乡建项目多使用共同体的把握，需要从社区整合机制、人的生活方式以及人的存在形态三个方面入手。传统乡村的家园共同体所拥有的是一种"自然秩序"，其族阈共同体在社会治理上所追求的是一种"创制秩序"，而合作共同体将呈现给我们的是一种"合作秩序"。他们的家元共同体是一个集权的社会，其族阈共同体则建构起了民主制度和民主的治理方式，而且民主的理念被贯穿到了全部的社区生活之中。但是，族阈共同体中对于传统文化守望与传承的民主，在工业社会中逐步处于差异与共识不可调和的矛盾之中，从而造成了困境。随着未来村庄乡建项目合作共同体对族阈共同体的替代，这样的设计民主将在蜕变中得到提升，从而成为合乎人类乡村居住理想中的真正的实质性设计民主。

参考文献

[1] 张康之、张乾友 . 共同体的进化 [M]. 北京：中国社会科学出版社，2012，5-6.

《展示项目设计》课程教学实践研究

广西艺术学院　贾　悍
广西建设职业技术学院　李文璟

资助项目：广西教育科学"十二五"规划 2015 年度项目《以"实践＋竞赛"为主导的会展应用型人才培养模式改革研究》，立项编号：2015C385。

摘　要：展示项目设计是一门多学科交叉、综合性强、具有明显实践性特征的专业。本文从会展设计专业出发，把会展实体竞标项目引入课堂的教学实践为例，讨论在会展专业教学过程中，教学与实践的有机结合，培养综合素质高、动手能力强、与行业需求紧密接轨的会展设计专业人才。

关键词：会展项目、实践性教学、人才培养

展示设计是一门多学科交叉、务实性强、综合能力要求高的专业，展示设计项目结合课堂的教学使得学生更多、更早地接触并参与社会实际项目设计与整体操作的过程，使学生更直观、更具象地了解会展这一行业。文章以广西艺术学院会展专业学生参与东盟博览会竞标实际项目为例，对学生在展示项目设计实践教学当中的一些表现和问题展开探讨。

1　会展专业教学中现实存在的问题

高校会展专业的教育培养普遍存在的问题是教学过程重理论和方案的设计以及新概念的创新，而与实践项目挂钩的实践课程较少，能实际应用到社会实际项目的更是少之又少，以至于学生的会展、展示方案设计多浮于表面形式，缺乏制作技术层面上的深入研究，实践中出现的细节问题在设计方案中没有解决或者恰当的处理。这些问题导致了会展设计课程学习内容不够完整，设计方案和内容经不起推敲，甚至严重脱离实际项目设计、实施的要求。

2　课程与实践的背景情况

《展示项目设计》课程在会展设计专业教学中是一门理论应用于实践的课程，也是会展专业教学课程设置体系中的核心课程，是会展设计教学从设计理论型向设计技能型转变、系统地应用设计理论、设计方法与材料知识的重点课程，该课程将实际会展项目带入到设计课堂当中，这也将会给学生带来更多的与实际项目接触的实践机会，使得学生的设计更标准和完整，从表面的形式设计进入到更多的系统性设计、建造以及使用中的细节推敲与解决，更接近于实际设计与制作、应用。随着项目的深入研究，使得会展设计教学可以不断地得到发展和完善。通过不断的研究与探索，利用学院的教学平台，在进行设计理论教学的同时，结合实践项目中遇到的具体问题，学生可以获得相关的实际设计、操作、实施的经验以及资历。成熟的设计方案与丰富的实践经验，对学生的就业、创业和发展都有着重要的积极意义。

3　课程实践主体的构成

广西艺术学院会展专业由会展专业学术带头人牵线，先后与广西展览馆开展了多次展示设计项目合作教学课程，合作项目包括每年的东盟博览会农业展竞标、广西展览馆科技展竞标等各种类型的展览竞标及展览设计项目。学校与教学实践基地的密切联系，增加了学生参与各种实践项目的可能性，学生能直接接触到客户及相关行业的从业人员，可直观地感受到客户的要求、市场的需求，这样能更好促使学生对展示设计课程内容的深入理解，并发现自己的欠缺之处。另一方面，又有利于企业对学生深入了解，使企业有了充裕人才储备的同时也增加了学生的就业机会，这是双赢的合作过程。

《会展项目设计》是会展专业教学进程的一门重要课程，在整个会展设计教学与项目实践当中起到承接的作用，课程立足于会展设计教学与设计项目以及会展项目融入课堂教学的研究与实践。此次实践教学课程中，我们选择了会展专业本科三年级的学生实际参与东盟博览会农业展竞标项目作为实践教学的设计课题。在本课程之前，学生已经掌握了一定的艺术设计和操作软件的基础，具备了设计项目需要的基本技能。参与该设计项目的共有10名学生，分为2个小组，每组5人，总共历时一个月将该竞标项目设计制作完成。在项目初期，2个参与小组分别根据项目需求以及个人优势，对小组成员进行了明确分工，确定每个组员在本次竞标项目中具体负责的块面，如整体策划创意、3Dmax效果图绘制、施工预算、公共关系处理等。并制定了项目进行的时间表，以设定阶段完成的时间，并且选出组长对组员工作块面进行具体的布置安排以及对组员进行监督。

4 课程的教学与实践

4.1 方案设计——头脑风暴

方案设计方向的确定是一个反复探索的过程。在项目的开始阶段，每个组员都要就项目的设计要求做初步的创意草图设计，尽可能地拓展设计思路和集思广益，然后在专业老师的指导下集体讨论设计初稿的优劣，并从中挑选出最优者定为整个小组的方案构想。在方案确定过程中，指导教师会就方案中存在的问题提出各种疑问，组长通过组织组员针对问题进行讨论，并对问题提出设想和实施的分析，从而逐步在教师的指导下制作和完善项目设计的各项工作。

学生初次接触实际项目是相当有冲劲的，不仅因为新鲜好奇，更多的是想通过实践项目设计去验证自己的设计理论和证明自己的能力，以获得认同感。指导教师在这里不再需要当课堂上填鸭式教学的苦闷角色，而是起到一个引导者的作用。当学生的自主学习情绪充分调动起来后，所获得的经验会比在学校做模拟项目所获取的丰富得多。

4.2 标书制作及预算——实地调研

展示设计方案敲定后，接下来的任务是施工预算以及标书制作。这个环节是社会实践项目必须具备的内容，因为这项内容对在校的学生来讲有着一定的难度，所以课堂中的模拟设计项目一般不会涉及材料报价、施工报价，并

且课堂中也很少会接触到标书的书写与制作的流程，但这也恰好弥补了课堂学习知识体系缺失的部分。在这一环节中，合作企业发挥了重要的指导作用，因为企业与市场接触最为紧密，获得的市场信息也最为广泛和实际，在企业相关人员的帮助和指导下，学生主动去了解项目的实施工艺、材料性能和规格、人工价格、施工的安排与组织流程等竞标文件要求的项目设计关键内容，并仔细了解在工程实施当中的各个细节，以保证项目得以顺利实施。最后拟出竞标项目的整体实施报价，而项目实施报价是在评价一个项目竞标方案优劣与否的重要指标。

4.3 标书解说——展现设计与自我

标书现场解说是竞标的最后一步，也是至关重要的一步。标书的现场解说必须清晰、有条理、能充分表述设计的创新理念和设计意图，并解答评委提出的相关问题。这要求方案解说者具备较好的心理素质，不怯场以及具有较好的逻辑思维能力和语言表达能力，同时还要具备较为丰富的设计以及施工的相关知识。这样，就会倒逼学生对设计、实施内容等相关知识做一个较为系统的学习和深入的研究，以应对在评审会上评委提出的各种问题，从而把压力转化为动力，大大刺激了学生学习的积极性和主动性。

5 总结

知识只有在实践中方能产生意义，经过对东盟博览会农业展竞标项目引入课堂教学的实践，学生从中得到了全面的锻炼，培养了团体协作的意识，切实提高了学生的设计能力及动手能力，并在参与过程中发现自己的优势及弱项。通过实践锻炼，学生能了解到会展项目设计实际运作的过程，培养了学生的学习、组织、协调和创新能力，同时积累了会展设计的实战经验，这对学生将来的学习、自身定位及未来就业具有重要的指导意义。

参考文献

[1] 安晓波 . 会展专业教育实践环节教学的探讨与应用 [J]. 教育与职业 .2010（20）.

[2] 黄晗，卢灵 . 基于就业导向的会展管理专业实践教学改革研究——以广西财经学院为例 [J]. 中国电力教育 .2013（08）.

[3] 张红梅 . 基于能力本位的应用型本科会展经济与管理专业创新实训模式分析——以3+1模式的探索为例 [J]. 吉林省教育学院学报（中旬）.2012（02）.

广西桂北壮族民居居住空间布局研究

广西艺术学院　　罗薇丽

资助项目：2017年度广西高校中青年教师基础能力提升项目《新时期桂北少数民族村寨聚落空间布局研究》，项目编号：2017KY0458。

摘　要：广西桂北壮族民居结构独特，韵味悠长，空间布局合理，功能分区明确，因地制宜，符合当地的地理及气候条件。研究广西桂北壮族民居居住空间布局，对保护和继承传统建筑文化、维护地域特色及民族特色具有重要意义。

关键词：桂北壮族民居；居住空间；布局

1　广西桂北壮族民居概况

广西桂北地处亚热带季风气候，冬冷夏热、潮湿多雨，且山环水抱、海拔较高，地理环境较为特殊，居住在这里的壮族人们在建造房屋时因地制宜、依山而建、顺应地形、空间形象层叠而上，房屋不管是单栋还是群体，屋基不管大小，地势不管高还是低，都可以全面利用本身的地形地貌条件，通过支撑、附岩、跨越、镶嵌和筑台等各种技法，以叠石形成坎，错层悬空，构建成上下不等高、前后不等距的特殊建筑形式。在青山绿水中点缀着一栋栋干栏式木楼，构成了耐人寻味的建筑空间意境与环境景观，也铸就了极具地方民族特色的干栏式民居建筑。桂北民居在长期适应大自然环境下，使得在建筑处理中沉淀了非常丰富的经验，当前依然还保持着这种传统的建筑形式，桂北民居分为上下两层，通常是木楼上面住人，下面是圈牲畜。楼上面又分为前厅和后厅，前厅是用来举行庆典和社交活动，前厅两旁是厢房，用来住人，后厅是生活区。民居的外观造型非常精致，门窗以浅褐色或枣红色为主要色调，立柱是黑色涂料，屋顶采取悬山或半歇山形式，细节处尽显大方得体，悬山、挑廊、挑台、挑檐和挑柜，以及层层出挑的楼台，立面变化更是非常美观。广西桂北地区特殊的地理位置、环境、交通和气候等环境影响，使得建筑形式保留了原有的建筑形态、风貌，彰显强烈的民族与桂北地方特色。研究广西桂北壮族民居居住空间布局，并通过合理改造，从形态、尺寸、使用功能、排污、便利性、舒适性

等方面着手，优化室内空间布局，赋予其一定的创新和发展，不仅能维护广西地域特色及民族特色，而且能使广西桂北壮族民居焕发新的活力。

2　桂北壮族民居居住空间布局

广西桂北壮族民居为"穿斗"木构架建筑结构体系，屋顶多为悬山式或歇山形，屋面平缓，出檐较深。民居建筑一般为2~3层，多为三开间带偏厦或五开间，个别亦有九间的，具体以家庭人口及其经济情况而定，民居内部的居住空间布局模式可概括为下畜上人、前堂后房，前者根据纵向划分，后者则为横向划分。房屋下层用来圈养家畜、家禽，并堆放农具、化肥、杂物，设置卫生间等，中层是居住层，由望楼、堂屋、卧房、火塘间组成，上层有屋顶阁楼，用以贮存粮食、农作物、杂物，楼梯是房屋的垂直交通枢纽，而堂屋则是水平交通枢纽，民居各空间功能分区明确、因地制宜，且符合当地的地理及气候条件。

2.1　望楼

壮族杆栏式民居中，人们在中层生活起居，从地面到中层这一部分，是由方块石条砌成的阶梯连接，望楼则位于阶梯上面的居住层半户外空间，是连接着室内和室外的重要空间，人们还会在望楼处放置各种雨具、草凳等，充分发挥出这个空间的使用价值。望楼还是壮族人们驻足休息、乘凉、眺望、晾晒、亲近户外的重要场所。

2.2　堂屋

堂屋是广西桂北壮族民居住宅的水平交通枢纽，位于

住宅的几何中心，处在明间，通风开敞，中间无隔断，内外空间再次交互融合，进出住宅、卧房、火塘间、阁楼等各功能区间均要从堂屋经过。壮族是一个多信仰的民族，其宗教信仰以师公教为核心，兼有巫教、佛教、道教，这在堂屋中充分体现。堂屋是壮族家庭中最为神圣的空间，堂屋正中的板壁上，设置内凹的神龛，神龛的上部为祖先神台，下神龛下边摆设八仙桌椅、神桌等，有土地神神位，供奉了种类较多的神灵，人们在此开展所有重要的祭祀活动。此外，堂屋也是壮族家庭进行对外社交活动的重要场所，诸如过节、乔迁、婚嫁、丧礼时在此大宴宾客。

2.3 卧房

广西桂北壮族民居的卧房主要位于住宅第二层，围绕堂屋前后左右，分设房间。卧房用竹片或是木板为壁隔离，有的木板上雕有花鸟虫鱼等图案，显得古朴美观，有的木板竹片还是可以活动的，在重要的日子，诸如喜庆婚嫁等，还可撤开，便于摆桌设席。卧房分配也有一定的讲究，一般来说，大门两边的卧房是儿童和未婚青年居住，而已婚成员及老人则居于堂屋后东西两侧。桂北壮族民居卧房房间开窗，明亮通风，适宜居住。

2.4 火塘间

火塘间是壮族人们生活起居的重要场所，一般位于堂屋的东面侧边，以泥筑成，用以烧火做饭取暖，炉火常年不熄，有人丁兴旺、繁衍生息的象征意义，壮族人民的日常活动大都围绕火塘进行，诸如饮食、闲聊、待客等，因而火塘间又兼有厨房、餐室的功能，是家人聚会、娱乐、会客的场所，是一个倾向于交流的空间，火塘间的外围往往还建有开敞的晒台、回廊，拓展了活动的空间。

2.5 屋顶阁楼

在广西桂北壮族民居的屋顶，还会设置一个专门贮存粮食、农作物、杂物的阁楼，阁楼层一般用竖向木板将构件间缝隙闭合，并借助固定木板梯或是活动爬梯上下，阁楼屋顶形式多为歇山顶或悬山顶，也有小披檐，外形多样，独居特色，屋面用瓦片覆盖，并将局部需要采光的区域做明瓦处理，起到防寒、隔热的作用。

2.6 底层空间

广西桂北壮族民居的底层空间一般用木板、泥土、竹片、石块围合而成，或是用柱子架空起来，称为架空层，层高较低，受桂北气候条件影响，底层空间往往较为潮湿、不通风、透气性不佳，被壮族人民用来圈养家畜、家禽，并堆放农具、化肥、杂物，设置卫生间等。

2.7 外部空间

壮族有聚族而居的传统，因而除了独栋住宅，还常出现并联式、串联式的特色分布格局，并联式干栏居住住宅是将若干栏排成两行，中间有共同通道，住宅两边有院门及围墙，构筑成为长方形的院落；而串联式干栏居住住宅则是用飞桥将每行辐射线上的住宅建筑串联起来。并联式及串联式的特色分布格局满足了同一家族的成员集中居住在一起的需要，家族成员之间无需经过外门便能够相互联系，充分彰显壮族人们聚族而居、和睦相处的传统。在住宅建筑四周，常用篱笆围成庭院，庭院内种植翠竹、木瓜、花草等，不仅美化环境，也增加清新空气，体现人财两旺的风水功用。

3 结语

广西桂北壮族民居的空间布局巧妙合理，功能齐全，动静分离，方便生活，各空间之间的联系极为紧密，环环相扣，空间宽敞，足见意匠之巧妙，彰显壮族人民的智慧。之所以形成这样的居住空间布局，与桂北的自然因素以及壮族人民的生活习俗、文化因素密不可分。潮湿多雨、冬冷夏热的气候特点使桂北的温度较高、湿度较大，复杂的地形条件及地理环境造就了桂北壮族民居下畜上人、前堂后寝的空间布局划分，壮族人们特有的文化传统习俗使堂屋及火塘的地位尤为重要。在房屋底部及阁楼有着与生活楼层严格区分的存储生产用具、杂物、谷物等生产活动领域。广西桂北壮族民居结构独特，韵味悠长，空间布局合理，体现壮族人民悠然的生活。但随着时代的发展，传统民居在设备、卫生、舒适度等方面难以满足现代人们的生活需求，大部分杆栏式民居逐步被钢混结构的房屋所取代，这对追求更舒适现代生活的人们来说无可厚非，但这不利于传统建筑文化的保护和继承，不利于地域特色及民族特色的维护。采取合理可行的方式，进行合理改造，充分保留民居外观及原有形式风貌，从形态、尺寸、使用功能、排污、便利性、舒适性等方面着手，优化室内空间布局，保留壮族干栏民居的韵味及民居文化，使壮族民居焕发新的活力。

参考文献

[1] 苏星 . 广西民居之壮族民居青山绿水间的干栏木楼 [J]. 当代广西，2014.

[2] 郭文 . 桂北民居及其可持续发展的探析 [J]. 桂林电子工业学院学报，2005.

[3] 雷翔 . 广西民居 [M]. 北京：中国建筑工业出版社，2009.8.

刍议文化圈视域下广西瑶族传统村落与民居研究框架

广西艺术学院　彭　颖

资助项目：2014 年广西艺术学院重点科研项目《小城镇传统街区保护修缮的研究与实践——以中国历史文化名镇广西恭城镇为例》，项目编号：ZD201402。

摘　要：结合广西瑶族传统村落分布特点，村落与民居研究现状分析，提出在文化圈视域下进行广西瑶族传统村落与民居研究视野，并讨论其研究框架与研究内容。

关键词：文化圈；瑶族；传统村落与民居；研究框架

瑶族是中国一支古老的民族，也是中国华南地区分布最广的少数民族，主要分布在广西和湖南以及广东、云南和贵州等地区，按照 2015 年国家统计，广西现有瑶族人口 285.3 万，占全国瑶族人口的 62%，广西是中国大陆聚居瑶族人口最多的省，也是目前保存瑶族传统村落最多的地区。

1　广西瑶族传统村落分布

分布形态特点。广西瑶族，散居在广西 69 个县中（广西共 81 个县），其中有金秀、巴马、都安、富川、恭城、大化六个瑶族自治县，49 个瑶乡聚居相对中；村落多为几户或几十户的小规模，呈"大分散，小聚居"，形成大小不一的特色传统村落。

分布地理特点。由于历史上经历了"羁縻州制"、"土司制""流为土"、"土归流"等中央推行的措施引起移民变迁，自明代万历年间至新中国成立初年，广西瑶族分布的中心由桂北荔浦县境内到柳州柳城县境内以及桂南来宾县、桂中鹿寨县至桂西宜山境内。故广西瑶族传统村落分布中心也随之变迁。截至 2017 年 5 月国家住建部、文化部等 7 部委联合公布的第 4 批传统村落名录，广西在列的有 115 个传统村落，其中瑶族聚居的传统村落与上述分布基本一致。

分布文化特点。历史上受"湘桂走廊"、"潇贺古道"、"西江河域走廊"的经济和文化影响，湘赣文化、客家文化、广府文化和世居壮族和苗族等文化，广西瑶族自身文化的创造与其聚居地异质文化的碰撞与交融，产生了地缘上独特的文化，由此引出的传统村落和民居具有独特的研究价值：地缘融合下广西瑶族产生民居特色；村落在自然景观、环境意象、精神空间等有着独特的地方历史文化特色；不同文化整合所造成的村落与建筑的变化，有助于我们了解不同文化圈交叉影响下的建筑与村落的空间生产机制及现有形式的起源与转化。

2　广西瑶族传统村落与民居研究现状

2.1　我国传统村落研究进入新阶段

在 2013 年中央政府提出"望得见山、看得见水、记得住乡愁"工作意见后，近年来国家和地方加大了对传统村落保护发展的投入，从 2012 年 12 月至 2017 年 5 月国家住建部、文化部等 7 部委联合公布 4 批传统村落名录，3155 个传统村落在列（其中广西 115 个），获中央财政支持进行保护与建设。结合国家的评估体系，广西在 2015 年 3 月至 2016 年 6 月先后公布 2 批广西传统村落名录，426 个传统村落在列。随着各界人员的积极投入，新问题的出现促使对传统村落保护与发展研究进入新的阶段。

2.2　我国对传统村落与民居研究已转型

从功能类型单体建筑到村落整体环境、再到局部要素和建构研究；从单纯的物质文化遗产到关注非物质文化遗产的研究；从单一建筑学领域发展到社会学、人类学、民俗学、心理学、生态学和考古学等多学科综合性研究。

2.3 我国瑶族传统村落研究

与汉族民居或聚落的区划和谱系研究相比，瑶族村落及民居的研究还很薄弱。就聚居行政分布看，湘南地区瑶族村落研究成果相对系统丰富，广西地区瑶族村落研究相对少。湖南大学的成长以不同民族比较方法对江华瑶族民居环境特征研究；李泓沁从建筑学范畴对江永兰溪勾蓝瑶古寨民居与聚落形态进行研究；中南林业科技大学李敏从文化艺术价值视角对湘南地区瑶族传统民居群落展开研究；贵州大学刘松从民族学范畴对江华瑶族传统家屋展开研究；湖南科技大学胡铁强等结合不同支系族群互动关系对江华一个瑶族村落进行考察；广西师范大学梁安从南岭走廊的视域范围对瑶族环境伦理思想探讨；桂林理工大学徐莹莹等从民居保护和利用角度对恭城朗山村瑶族古民居建筑群进行分析；潘永健等人以龙胜小寨村为例对山地瑶族村落建筑特色展开分析。

2.4 既有"广西瑶族村落与民居"的研究内容和方法现状

（1）研究内容为"建筑"与"村落"，以记录和描绘具体村落和民居为主，阐述分析村落选址、意向和建筑造型、平面、结构、材料等方面。唐旭等的《桂林古民居》收录了桂林代表性古民居的平面构成、间架、屋面以及民居重要构件等，以实景照片展示桂林古民居的风貌；李长杰的《桂北民间建筑》以实地走访调研记录为主，较为系统全面地介绍桂北地区的壮、侗、瑶族等公共建筑及民居；《广西民族传统建筑实录》以实景照片记录广西各民族民居、园林和园林建筑、庙宇祠堂、公共建筑、古桥、古塔以及构造等实例；牛建农的《广西民居》记述广西境内主要少数民族和汉族村落、民居的特色；《广西古镇》通过实地调研，以文字和照片形式记录了包括恭城琅山村等瑶族村落在内的12个广西古村（镇）的自然状况和风貌；雷翔的《广西民居》从地形、民族和建筑结构等方面对广西民居进行分类，探讨广西民居的功能与形式、聚落的空间与形态，并将传统村落及民居的保护和继承纳入讨论范围。

（2）结合文化地理学、人类学、民俗学、建筑学、社会学等多个学科的优势，从更大范围研究村落和民居形态结构以及背后的文化推动机制。华南理工大学熊伟博士的《广西传统乡土建筑文化研究》从文化地理学、人文社会学和历史地理学等多学科角度出发，划定广西乡土建筑的文化分区，并对各个文化分区的乡土建筑文化进行系统的梳理；华南理工大学李自若博士的《桂林地区乡村实体环境的演进研究》从建筑类型学、形态学和文化地理学角度，探析桂林地区各民族乡村实体环境的空间特征、形态特征以及演变规律，系统地总结桂林地区乡村实体环境的特色与价值。

（3）当前"广西瑶族村落与民居"研究评述。就当前"广西瑶族村落与民居"研究的内容与方法，在"建筑"层面上忽略了单体建筑存在的村落文化背景和村落生活的主体——人。静态的形式分析与美学的价值评论的研究方法较少考虑；在"村落"层面侧重村落空间的解析，田野调查同样较少涉及历时性的考察，即村落的演进过程；较少透过瑶族历史的纵向发展和动态的社会文化建构过程来研究传统村落及建筑的演进与转化；村落（聚落）形态主要从自然地理角度研究与自然环境的关系。这种形态研究方法对弄清所研究之聚落景观与自然环境的密切关系有重要意义，但不可避免地割裂了聚落历史文化的整体性，无法全面反映社会环境、自然环境对区域建筑综合影响。

3 研究框架讨论

3.1 研究时间与地理空间的界定

广西作为中国大陆聚居瑶族人口最多的省（区），现存的瑶族村落和民居多为明末以后的遗存。在时间上应以明代以后现存的村落和民居实体研究为主，并对历史文献上的记载做溯源性考证。

从史料文献考据，明代广西瑶人遍布桂东及桂中地区，随后清代中前期遍布广西全省，清代后期瑶人分布的地域逐渐减少，"山地化"趋势日趋明显，民国年间瑶人分布主要局限在桂北局部县域，20世纪50年代初期，瑶人被确立为实体民族，广西瑶族人口迅速增多，散居在广西69个县中，集中聚居在金秀、巴马、都安、富川、恭城、大化等六个瑶族自治县，49个瑶乡，村落和民居作为族群生活的具体物理空间。研究关注及调查的地理空间，也应以上述集中聚居区为主。随着调查研究深入，在地理空间上对文化核心区与边缘区进行界定。

3.2 瑶文化圈视域下研究对象的界定

文化圈是以居住在同一地理区域中不同人群之间相关联的文化特质为思考基础，认为文化是时间与空间共同建构的产物，过去遗存下来的文化特质会展示在当代的空间分布中，故可反映当代空间所见的文化特质。因此，鉴于广西瑶族传统村落"大分散，小聚居"特点，如果透过村落和民居的特质进行区域性对比与整理，可以将某些相同的建筑现象归纳出建筑文化区。

文化圈视域下的村落与民居，包括对地域内或地域间文化交往的关注，村落与民居的变迁，是历史萃取和传承的结果，也是进一步变迁的要素。从具体的变迁过程和情景分析，瑶文化圈的划定对外强调其整体性与共同点，便于文化圈之间的村落与民居的比较，对内可根据文化差异进行层次的细分，从而揭示文化圈内部村落与民居的差异。

根据瑶族聚居区的历史和现实情况划分"瑶文化圈"。在保持瑶族民族历史、文化、地理单元的整体性基础上，全面考察瑶族村落和民居，探讨村落和民居产生和演变的规律，据此开展瑶文化传统村落及民居产生的社会机制与历史脉络，探讨瑶文化圈产生、形成与发展的历史文化脉络；瑶文化圈传统村落的分布及其形态特色，民居类型、分布及营造技术，归纳不同地域之村落和民居，并追溯其与自然环境、社会环境的关系；分析瑶文化圈传统村落与民居形式转化的脉络与象征意义，探讨瑶文化圈内部和边缘文化整合与文化变迁之下的文化认同实践所造成的村落与民居转变。

参考文献：

[1] 雷翔. 广西民居 [M]. 北京：中国建筑工业出版社，2009.

[2] 郭谦. 湘赣民系民居建筑与文化研究 [M]. 北京：中国建筑工业出版社，2002，1.

[3] 广西民族传统建筑实录编委会. 广西民族传统建筑实录 [M]. 南宁：广西科学技术出版社，1991，1.

[4] 刘哲. 广西传统村落现状与保护发展思考 [J]. 广西城镇建设，2014（2）.

[5] 叶强. 湘南瑶族民居初探 [J]. 华中建筑，1990（7）.

[6] 梁安. 南岭走廊瑶族环境伦理思想探论 [J]. 广西民族大学学报，2000（1）.

[7] 胡烈箭. 名与实——广西瑶人分布研究 [D]. 华南理工大学，2014.6.

[8] 熊伟. 广西传统乡土建筑文化研究 [D]. 华南理工大学，2012.6.

[9] 成长. 江华瑶族民居环境特征研究 [D]. 湖南大学，2004.6.

花篮瑶村落景观探析
——以广西金秀自治县六巷门头村为例

广西艺术学院　　罗舒雅

资助项目：2013 年广西艺术学院科研项目《广西瑶族村落景观生态环境研究——以金秀瑶族自治县为例》，项目编号：YB201306。

摘　要：通过研究广西金秀瑶族村落景观，形成指导设计实践的理论；运用风景园林艺术设计、建筑学、景观生态学、行为心理学的观点，进行学科交叉研究。创造出有独特民族特色，又具有可持续发展的生态环境，有利于提升广西少数民族地区人民的生活水平。

关键词：瑶族村落；瑶族民居；村落景观

1　广西金秀概述

1.1　金秀瑶族概述

中国瑶族有 2637421 人（2000 年人口普查数），分布于广西、湖南、广东、云南、贵州、江西 6 个省（区）130 多个县、市内。广西的瑶族人口占中国瑶族总人口的 55.8%。瑶族是我国南方的山地民族，居住特点是大分散、小集中，依山建寨。广西的瑶族主要分布在金秀、巴马、都安、大化、富川、恭城。

截至 2014 年，金秀瑶族自治县总人口为 15.46 万人，其中瑶族人口占 34.8%，境内主要居住有瑶族、壮族、汉族等民族。金秀瑶族自治县是全国最早成立的瑶族自治县，也是全国拥有瑶族支系最多的县份，瑶族中有盘瑶、茶山瑶、花蓝瑶、山子瑶、坳瑶五个支系。

1.2　金秀自然生态环境

金秀位于广西壮族自治区中部偏东、来宾市东北大瑶山主体山脉上。金秀全县总面积 2518 平方公里，森林面积 329.35 万亩，森林覆盖率 87.34%，其中水源林面积达 158.59 万亩，有"广西最大水源林区"、"国家级珠江流域防护林建设源头示范县"、"大瑶山国家级森林公园"、"大瑶山国家级自然保护区"，四个称号。县境内旅游资源丰富，主要旅游景点有莲花山、圣堂山、罗汉山、板显峡谷、花王山庄、原始森林度假村和银杉公园。

2　六巷花篮瑶概述

花篮瑶一直是人类学、民族学学者们关注的族群。六巷是中国著名人类学大师费孝通先生最早确定的关于他者文化研究的田野点。从此，六巷变成了人类学、民族学者们的田野圣地。

六巷村属于广西金秀瑶族自治区六巷乡的一个村，下辖 11 个自然屯，而本文研究的是其中的门头村，是 2016 年获批的第二批"中国少数民族特色村寨"。六巷乡总面积 203.1 平方公里，东北部属中山区，西南部为低山区，年降雨量充沛，林业、土地、旅游资源丰富，盛产八角、生姜、茶油等农副土特产品。

3　研究的目的与意义

村落景观环境研究是一个跨学科的研究，结合了建筑学、风景园林、景观生态学、行为心理学、民族学等多方面的知识，这类跨学科研究投入相对偏少。

广西山清水秀，自然资源丰富，地域景色多变，民族建筑独特，风景优美。如何进行少数民族地区村落的开发，特别是对于少数民族村落景观的更新与生态环境的可持续发展建设。结合地理气候与传统民族建筑，规划创造出有独特文化魅力，有利于提升广西地区风景区景观建筑文化的水平，实现把广西旅游大省上升为族游强省的战略目标。

针对金秀瑶族村落景观生态环境的研究，对广西少数民族地区村落景观恢复与更新、生态环境的创建以及民族特色的继承都有一定的意义，也可以给其他少数民族的村落景观生态环境的建设提供一定的借鉴作用。

4 六巷门头村村落景观特色

4.1 村落的整体规划与布局

由于村庄建设在山腰上，故村落的整体布局依山而建，沿着公路而建，房屋整体坐东北而朝西南。出于考虑传统的防卫功能，整个村庄呈现向心型布局，村落有两处出入口分别建设了古碉楼和寨门，寨门连接村寨广场，上有石雕雕像、图腾雕像。沿着公路旁建有"花篮瑶博物馆"。而耕种区域则与民居有严格的界线。

4.2 民居特色

（1）建筑风格

花篮瑶民居最有特色的三种风格，即泥石墙木架、泥砖墙木架土瓦、新瑶式住房（表1）。

花篮瑶民居特色一览表　　　　表1

风格	主要材料	建筑布局
泥石墙木架	稻草黄泥做浆、砌石墙体屋顶盖杉木皮和竹瓦	房屋由四面墙组成，只设门少开窗，又称"四方屋"
泥砖墙木架土瓦	烧制青砖、土青瓦	三开间二进式，中间厅堂两侧卧房上设木楼，配备粮仓
新瑶式住房	钢筋混凝土、小青瓦	正房三间，中间敞开庭院四周卧室，两侧建矮于正房的耳房

（2）"新瑶式住房"特点

门头村大多数为"新瑶式住房"，本文着重描述该种新式民居特色。

①建筑布局为三开间主屋，两侧或一侧附建低于主房的厨房或工具房，前伸两侧厢房，厢房之间为庭院；

②宅基台地采取"半吊脚楼"的方式，用山石依山砌成，不挖山不砍树，确保山体不受破坏、山寨形式保持美观；

③墙体青砖或夯土墙、灰瓦坡顶；

④大门常常安置护宅石犬；

⑤吊脚谷仓，每户均有一座独立于房屋外的谷仓，谷仓用木材架空部分而建，窗式仓门，风格独特。

4.3 景观布局与节点设计

门头村整体村落景观布局建设有自己的民族特色，节点的布局从传统的防卫功能延展到了生活使用功能，进而考虑到保留民族特色的历史遗迹，包含了寨门、古碉楼、发兵台、村寨广场、费孝通考察遗址、祖石像、安龙台、礼歌堂、功德亭、水力春谷房、打铁铺等。其中重点说明几个节点。

寨门。村落共建有五座寨门，大部分保留了原有样式。

村寨广场。村寨广场兼具村民锻炼、社交的功能，广场连接寨门，建有祖石像。

水力春谷房。用以展示农耕文化，在村子里修复了两处用作春米的传统水对和脚踏水对，以及茅草、杉木皮小屋。

4.4 民族文化特色在景观设计的运用

（1）"狗"图腾

在门头村，无论是村寨大门，还是各户门口，或是村中的粮仓，都在门前放置了一些类似狗的动物石像。瑶族人认为，狗是他们忠心的朋友。镇宅石犬的设置既能体现村民的信仰又能传承少数民族传统文化。

（2）安龙台

瑶族传统生态理念与后来的汉文化风水理念相互结合所形成的景观节点布置形式，其主要体现为村落设置有安龙台、古庙宇，安龙台相传为龙穴，每年进行祭龙活动。

（3）石碑律

瑶族石牌制是历史上形成的一种法律制度和社会组织，同时也是一种社区管理制度，它在管理农村社区中具有政治功能、经济功能和社会功能。门头村村庄旁的石碑坪仍然现存有村民自我约束协商的石碑，将这些石碑作为一个村落景观的特色进行营造，既宣传了传统的少数民族文化又很好地打造民族特色的村庄。

5 金秀瑶族村落景观生态环境的更新与可持续发展思路

据相关部门的统计显示，我国的自然村十年前有360万个，现在则只剩270万个。这些消失的村落中有多少具有文化保护价值的传统村落则无人知晓。伴随着社会的发展，村落的原始性以及吸附其上的文化性正在迅速瓦解。因此，保护中国传统村落已经迫在眉睫。

在"美丽乡村"建设中，我国许多村落都淹没在轰轰烈烈的建设大潮中，千篇一律的"少数民族墙绘"、整齐划一的白墙灰瓦，还有假大空的"村民广场"，这样的乡村是我们的"美丽乡村"吗？这些同质化严重的村落建设不得不引发笔者的思考，在考察六段门头村的建筑与村落景观的同时总结一些相关的策略共同探讨。

首先，联动各方资金，建设少数民族文化博物馆。在门头村建设有"花篮瑶博物馆"，弘扬和宣传花篮瑶的民族民俗文化。

其次，在人居与农田的组织规划上，门头村出于对村落发展的考虑，人居尽量少占耕地，农田与居住区应有严格界限，使得建筑群与山体的边界呈现出模糊性并存有演绎空间。

同时，对于新旧样式的民居保留问题上，村委会联同村民共同商定，要保存一处现有的老坭房，并原貌恢复一座茅草石头房。

最后，合理地控制村落发展的速度与节奏。合理控制古村旅游开发的尺度，乡村旅游开发其优点在于让更多的人了解到传统古建筑文化并带来一定经济效益，为修缮房屋带来资金保证；弊端是过度旅游开发必然会对乡村生态环境造成破坏，为迎合旅游修缮，部分民居可能会流于形式、失去古民居的建造形式。目前门头村仍然不提供过夜民宿，只是金秀瑶族民俗旅游的其中一站，合理的安排以控制旅游开发强度，很好地保持了村庄的活力，而不是为了发展旅游而建设一座毫无生气、单一功能的住房。

六巷门头村村落景观是本民族不可再生的宝贵遗产，面对我国传统村落衰变、村落生态环境退化的严峻形势，在与时俱进的同时保护传统村落景观原有的空间肌理和历史文化内涵，延续其生命力，力求保护、传承与发展的和谐统一，不仅能让当地民族文化得以传承，而且对于推进当地经济发展和生态文明建设等具有重要作用。

参考文献

[1] 广西住房和城乡建设厅"广西住房和城乡建设厅村镇处处长彭新唐谈'传统村落'"http：//www.gxcic.net/zxft/Interview.aspx?IID=36.

[2] 《国家新型城镇化规划（2014-2020年）》

[3] 柳兰芳 从"美丽乡村"到"美丽中国"——解析"美丽乡村"的生态意蕴 [J]. 理论月刊，2013，（9）：165-168.

[4] 费孝通. 六上瑶山 [M]. 北京：中央民族大学出版社，2006：10-11.

[5] 覃锐，徐杰舜，张劲夫，黄兰红. 接触与变迁——广西金秀花篮瑶人类学考察 [M]. 北京：民族出版社，2011：1-17.

[6] 仝晓晓，褚兴彪. 少数民族古村落景观保护与发展研究——以富川瑶族自治县为例 [J]. 湖北民族学院学报，2015：34（5）：51-53.

[7] 邢贤贤. 花蓝瑶民居建筑初探——以广西金秀瑶族自治县六巷乡为例 [J]. 北京电力高等专科学校学报.

旧社区改造中的历史场所重塑
——以株洲市株冶第三生活社区改造设计为例

广西艺术学院　　贾思怡

资助项目：2017年度广西高校中青年教师基础能力提升项目《旧社区改造设计与历史遗产保护相结合的模式研究》，项目编号：2017KY0469。

摘　要：旧社区改造的重要途径之一是寻找延续历史和地域文脉特征的更新方式，在优化社区环境的同时，实现居住生活功能与文化商业效益的和谐再生。以湖南省株洲市株洲冶炼集团股份有限公司第三生活社区改造设计为例，论述了利用清水塘火车站的历史文脉资源对该社区进行场所重塑的过程，试图归纳总结旧社区改造过程中场所重塑的设计思路与方法，提出旧社区改造设计的"1带N"的共享模式，使得社区与城市相互交融，实现整个社区生活设施的统筹规划、资源共享，以期为今后旧社区的发展提供有借鉴价值的意见。

关键词：旧社区；历史文脉；工业历史；1带N

当今各个城市不断新建、持续扩张，越来越多的"新城"成为城市新时期建设的代表。与此同时，位于城市中心区域的旧社区也逐步衰落，出现生活环境恶劣、配套空间缺失、交通系统混乱等问题。由于旧社区的建筑、景观等硬件基础已不能完全满足当今生活的需求，改造是必然面临的历史任务。但是，旧社区在经历时代变迁所拥有的历史文脉和地域文化积淀，是每一个城市宝贵的财富，颇具保护价值与发展潜力。如何对旧社区进行改造设计，针对性地保留城市特征，塑造符合城市精神的场所，是城市发展中的重点思考及应对课题。

湖南省株洲市是以"火车上的城市"而闻名的著名老工业城市，有着独特的工业文化背景。最能反映这种文脉背景的场所莫过于红砖青砖交错的低层楼房和已废弃的清水塘火车站，这都是传递着一种丰富而又通俗的文脉内涵。如今，这样的场所在城市更新过程中遗留下来的已经屈指可数。在这样的背景下，从历史场所重塑的角度对旧社区的改造设计进行探讨和研究。

1　项目概况和分析

1.1　项目概况：株洲市株洲冶炼集团股份有限公司

第三生活社区（以下简称株冶三区）位于湖南省株洲市石峰区北部，处于该市边缘地区，与湘赣铁路交接。20世纪50~70年代，株洲冶炼集团股份有限公司（原是株洲冶炼厂，下文简称"株冶"）在此修建了40余栋单间配套或双间配套的四层楼房作为职工宿舍。这个社区入住家庭众多、配套完整，在当时称得上是示范社区，影响力很大。随着时代的变迁，原有的砖木结构的小尺度建筑已经不能满足现代人家庭生活需求，现在多是原单位的退休老人或外租户居住，大多数年轻人逐渐搬离社区。同时，该社区还拥有一座已成为市级文物保护单位的清水塘火车站、一套地下防空洞体系、居民自办的小型托儿所、北雅医院、湘天桥菜市场、一间棋牌室和几所小百货商店。

一方面，功能并置的状态造成了株冶三区功能混杂、交通流线混乱、公共活动空间缺失等问题。社区居民、商贩以及租房者三者之间的矛盾日益突出，使得该社区暴露出自生能力不足、亟待改造更新的需求。另一方面，文物保护单位风貌、良好的绿化环境以及沉静的社区气质赋予了株冶三区浓厚的休闲生活文化氛围。由此可见，株冶三区具有丰富的历史文脉资源，颇具保护价值和发展潜力。

1.2 场所特征:场所是一种具有独特表征的围合空间,它具有与人类活动、行为、心理相关的整体氛围,令使用者对场所具有认同感和归属感。[1] 场所特征是通过场所中的空间元素共同作用形成和体现的,场所空间元素分为物质元素和非物质元素。在该社区中,场所空间元素包括建筑、街巷空间、人群、行为活动、绿化等。

1.2.1 建筑:株冶三区的建筑主要分为:居民楼、清水塘火车站、地下防空洞系统、医院、菜市、托儿所等配套。①居民楼多建于 20 世纪 50~80 年代,分别是:建于 50 年代的红砖平房、建于 60~70 年代的一梯六户或四户的四层居民楼、建于 80 年代的一梯两户的五层居民楼。四层居民楼占所有居民楼数量的 80% 以上,全部是砖木结构,每层有 6 个或 4 个居住单元,每个居住单元在 40~80 平方米之间,约有 1/2 居住单元使用公共厕所,约有 2/3 居住单元的居住空间与厨卫空间被公共走廊分割。其建筑形式已经不能满足现代家庭的生活要求。②清水塘火车站建于 1958 年,2005 年停运,2012 年成为株洲市第五批市级文物保护单位,位于清水乡沈家湾,是湘黔线上一处重要客运站点。旧址坐北朝南,长 32.5 米,宽 10.5 米,占地面积 341 余平方米,单层砖木结构。株冶三区的地下防空洞系统建于 20 世纪 60 年代,当时株冶职工为响应"广积粮、深挖洞"的号召,投入到挖掘、建造防空洞的热潮中而产生的时代产物。建成二十多年后,由于世界时局的变化和国民经济调整,防空洞系统转为民用,曾是当地居民常来纳凉之地,2000 年以后逐渐关闭谢客,几近荒废。防空洞为砖混结构,有 2 米多高,1 米多宽,内部空间潮湿脏乱。③医院、湘天桥菜市场、托儿所、小百货商店、棋牌室等配套。这些生活配套建筑位于株冶三区周边,其商业载体类型包括独立大楼、居民楼内部和临时搭建商铺。种类繁多,规划无序的建筑外观成为该社区又一场所空间元素。

1.2.2 街巷空间:株冶三区的街巷空间分为两种:位于居民楼群中的内部街巷以及位于社区四周的公共街巷。街巷空间是社区中行为活动的重要场所。内部街巷宽度在 10~20 米之间,尺度宽松,为日后绿化带设计、休憩带和停车场设计留下缓冲空间。外部街巷则自然无序,尺度偏小,多在 8~10 米之间。这种尺度感受也增加了社区亲切宜人、灵活市井的氛围。

1.2.3 人群组成:场所空间中人群组成是社区又一要素。构成株冶三区人群组成主要有三类:最早入住的株冶职工及其家人、2000 年以后逐渐搬入的外来务工人员、在社区中做生意、开店面的商贩及其家人。这些人大部分处于社会中下层阶级,年龄多在 40 岁以上,受教育程度不高,人群文化特征表现为单纯、热情、安静,对于时代变化不敏感并安于现状,行为活动文化特征趋近于大众、通俗、缓慢。

1.2.4 绿化:由于株冶三区位于工业城市最集中最老派的地方,所以本土植物多是抗污染、净化空气的物种,主要包括:苏铁、雪松、铁坚油杉、梧桐树、广玉兰、泡桐树、夹竹桃、刺楸等、整体绿化植物排列较为有序,大部分都是 20 年以上的树龄,树冠广阔,到春夏季四处阴荫,但是整体连接度较差,缺乏物种丰富度与均匀度的结合,导致群落结构的单一和单调。

1.3 改造设计思路:基于以上对株冶三区场所特征的分析,株冶三区改造设计期望在保留工业文化、铁路文化、休闲文化等历史文化特征的基础上对旧社区进行改造设计。通过对社区原有物质基础进行恢复性重建和开发利用,整合社区现有功能的同时植入符合场所特征的新业态,为居民参与和体验历史文化活动提供机会,从而增加旧社区的活力。

2 历史场所重塑之规划设计策略

本文提出旧社区改造设计的"1 带 N"的共享模式,这种强调资源共享、历史重现的模式是在对旧社区现状的充分认识与深入研究的基础上进行的,从社区场所空间元素的分析入手,归纳总结社区可识别特征以及文化意向,从而提取株冶三区的历史场所特征,利用规划设计手法在延续和保留场所历史特征的基础上对其进行改造设计,最终优化社区环境,建立城市的文化地标。"1"是指重点规划设计区域,也是株冶三区的发展领头单位——清水塘火车站和防空洞,把火车站和防空洞以及周边 80 米以内规划成为"工业历史博物馆",以吸引旅游观光者前来,"N"是指配套设施,如能呈现本土风貌的本地民居楼、对外营业的民宿楼、酒店、餐厅、小百货商店、旅游设施空间、运动设施空间等,以方便本土居民、旅游观光者的需求,提升生活品质。

2.1 规划布局、规划层面:为了解决社区交通流线混乱、环境恶劣等问题,设计首先将社区现有平房和临时搭建构筑物拆除,以保证社区街巷空间的完整性和流畅性,同时保留社区居民楼群作为场所重塑的物质基础,然后选取社区中央的 20 余栋四层居民楼和五层居民楼作为改建对象,把清水塘火车站和防空洞大门作为工业历史博物馆进行修缮保护,重点强调黄墙红门红瓦这种颜色历史特征,将这两个区域作为体现历史场所特征的核心设计范围。对于居民建筑群,在保留原有青砖红砖交错的建筑风貌基础上,对建筑内部空间进行改造设计,强调"更舒适、更阳光、更积极"的生活态度,完善生活配套设施,在居住单元内大力引入半室外空间和自然光,以便为符合历史文脉特征的功能业态提供居住和休闲活动场所。最后,依托改建的建筑群建立多个联系不同功能空间与功能的步道系统,实现交通流线的引导、空间区域的限定,以及对社区其他场所元素的整合。

2.2 空间设计、设计角度：设计方案首先对社区街巷空间进行了划分，在靠近火车站和防空洞的街道做下沉处理，以限定出工业历史博物馆区域感，同时为街道两侧的四五层居民楼群分离出适合慢行且独立的交通流线。其次，下沉空间主入口与主要街道的上部建立架空步道系统，以增加交通面积与活动平台，加强工业历史博物馆的空间限定。结合架空步道系统进行空间设计，形成联系居民楼群二层功能与空间的路径，同时提供可以感受历史文脉氛围的休闲活动平台。最后，在社区最中央的近 10 栋四层红砖居民楼 2~3 层局部外挑出户外活动阳台，丰富街巷空间层次。

2.3 功能置入：在空间设计的基础上，置入符合株冶三区场所特征的功能业态。工业历史博物馆附近 30 米以内设立工业文化公园兼花鸟市场，步道系统下方设置商业摊位，局部地区留白以提供活动摊位。外沿居民楼一层临街面居住单元改作商铺和民宿，服务于博物馆、医院、菜市这样的固定商业形态，从而维持株冶三区原有的 3 种商业载体类型。拆除平房和临时建筑后，原住民搬入原址新建的高层公寓大楼。同时，改良旧居民楼的居住单元，引入独立厕所和明窗，通过封闭公厕、外挑阳台和整合居住单元来扩大 30% 左右的居住面积，并把原来厨卫空间与居住空间被迫分割的居住单元合并。

居民楼群的竖向交通空间作为公共活动空间将同时连通街巷与建筑一层背街面居住单元，并在其中置入体现工业历史文脉的公共活动功能，包括该社区现有的小百货商店、托儿所、棋牌室、门球室等，也可以加入小吃餐馆、银行自动取款机、社区服务中心、旅游服务中心、教育培训点等新功能业态。

3 结语

株洲市株冶三区改造设计充分阐述了"1 带 N"的共享模式的开展过程，利用特有的工业历史文脉资源对该社区进行恢复性重建和开发利用，强调重点区域的发展带头作用，在社区设计过程中重塑符合历史文脉资源特征的场所，从而在优化社区环境的同时完成对城市肌理和地域文脉的保护，建立具有场所特征的文化地标和旅游重地。设计基于对株冶三区场所空间元素的分析和研究，归纳总结株冶三区的场所特征，进而在社区改造设计过程中进行重塑，不失为一套系统而又完整的设计方法。同时，在旧社区改造设计过程中实现居住生活功能与文化商业效益的和谐再生，这也被视为一次颇具价值和有意义的探讨，它可能为我国城市发展过程中旧社区的改造设计找到了新的解决思路。

参考文献

[1] 姜允芳，赵淑红，李媛 . 场所的更新——河北省遵化市体育公园改建规划设计 [J]. 小城镇建设，2007（5）：27-31.

合成塑料家具在室内装饰设计中的应用研究

广西艺术学院　陈　衡

摘　要：本文通过对艺术与技术的结合方法，探究合成塑料家具在室内装饰设计中的应用，首先通过阐述什么是应用于室内设计的合成塑料家具，归纳总结了其特点和性能，分析出其工艺特质。其次，讨论合成塑料家具相对别的材料的优缺点，列举出合成塑料家具的优越性。并且针对合成塑料家具在室内装饰设计中的应用，举具体案例说明了合成塑料家具对室内设计风格和室内空间的影响。最后根据前面的研究结论，可以得出合成塑料家具的发展趋势和前景。经过本文的研究，可以根据技术和艺术的理论来指导合成塑料家具在室内设计的应用，让合成塑料家具的可塑性更具广阔的目标和定位。

关键词：合成塑料家具；室内；装饰设计

前言

近年来，室内设计刮起一股新潮的"工业风"，大量的工业产品元素应用到室内设计装饰中来。例如玻璃、塑料、钢管等，各类新技术与新材料层出不穷，发展迅猛。不同的材料可以代表不同的时代特点，还造就了不一样的装饰风格甚至形成新的流行时尚。一直以来，材料都只被用作来表现装饰效果，到现在人们才真正的关注如何使用它们，随着技术的进步，可以使人们对特定材料的"创意"，更符合室内设计的独特要求。纵观国内外的研究，更多关注的是材料在建筑装饰中的美感应用，更多的是研究材料的质地、色彩等表皮与设计的关联，而涉及材料与设计的关系研究更少，而从论证合成塑料材质家具在室内设计中发展和运用的角度分析谈到的文章更少。在建筑和室内设计中，大木、普通金属和混凝土受到越来越多的重视。事实上，合成塑料具有加工方便、成本低、品种广等优点，在家具及室内装修中已有重要作用，并且地位正在不断上升。希望通过本文的抛砖引玉给这一课题领域带来一定的思想火花碰撞，也为室内设计材料的表现上多开辟一条新的道路。

1　合成塑料的特点以及工艺

合成塑料所以有合成或自然高聚合物位基本成分，配有必需的高分子助剂，通过加工塑化成型，并在常温下保持着状态不变的材料。作为塑料最基本的成分——高聚合物，不但决定了塑料的品种，而且决定了塑料的主要性能，同种的高聚合物，因为设备条件、加工工艺的不同，作为合成塑料，也可以作为纤维和橡胶使用。

合成塑料成型工艺是根据各种塑料的固有性质，使用所有的方法都可以实现的，使之能够满足不同应用领域的需要，成为必要的尺寸和形状的作品。加工的手法有二种：第一是挤出成型法，是塑料加工业中应用最早出现的、用途最广、使用性最强的成型方法，此方法使用主要产出连续的型材，如塑料水管、薄膜等。第二种是注射成型法，能一次形成外形复杂、尺寸精准的模具，只要有一个设计好的原型模具，就以批量生产出尺寸、形状、性能完全相同的产品。

2　合成塑料家具的发展和现状

合成塑料家具是透明家具，21世纪以后开始发展，具有清洁、透明、个性化的色彩，简约、典雅、灵动、高贵、精致、清新的质感、功能性和装饰性的发展。合成塑料家具引领了新的家具潮流和家居时尚，打破了塑料传统家具廉价劣质的印象，材质、设计、造型、价格都开始走上高端发展的道路，成为现代时尚家居的代言者。在我国，合成塑料家具还处于发展起始阶段。国内家具行业正处于从制造转向创造的重要阶段，木材、金属等传统材料家具的成熟与快速发展与合成塑料家具的相对滞后形成鲜明对比。这种滞后表现在：一方面，合成塑料家具处于家具行业中的边缘地带，价格低廉的合成塑料家具产品无法为生产商创造良好的经济效益，因此，鲜有家具生产企业进入塑料家具市场。仅存的企业在面对市场的压力，需要通过低价的策略，使用固定式样来减少开发过程中模具的成本，减少开发过程中包括设计等的投入；另一方面，从消费者的角度看，同质化和粗制滥造的塑料椅子已近成为塑料家具的代名词，消费者也逐渐为塑料家具贴上"廉价、档次低"的标签，这是塑料家具很难被消费者认可、获得市场肯定的主要原因。

3 合成塑料在室内设计中的优越性

3.1 合成塑料相对于其他材料的对比分析

合成塑料是高分子材料，具有良好的隔热、隔音、防潮、抗氧化等物理、化学性能。实用新型可根据需要调整成不同的颜色、密度、软硬度和可塑性。在注塑机器上一模多注，制造出无数个一样的家具。可塑性，使塑料材料在日常生活中越来越大，塑料制品考虑到人体工程学、功能性、柔韧性、耐久性，在造型、色彩、创意上无限制的变化，更能吸引室内设计师的目光，体现设计师的想法。塑料的韧度特征也更贴近设计师对塑造形体的要求，比其他材料更能完美的体现设计师的美学理念。基于这种优良的可塑性，设计技术可用于柔性线条造型，突破建筑空间的限制，尤其是设计师在各种表现性室内设计中的创造性运用。

3.2 合成塑料的形式美和功能美

在室内设计中，合成塑料家具更适合空间气氛的营造，塑料家具在空间布局上，并不是单一的使用，常常被用来点缀居家空间气氛，让家更具有生气，更加活泼，更富有"与众不同"的特点。其颜色的丰富绚丽、多元化、可变的色彩，用在空间中会带来特别的效果。合成塑料家具传达着灵活、轻便的生活新概念，可回收的再生性，解决了环保的难题。因此，耐用、环保、轻便、成本降低、使用与储藏不占空间，经济实用，使得它以价位低廉、高品质的形象，成为家具市场中不一样的新兴宠儿。

3.3 合成塑料的不足

每一个材料都有自己优点，但是也会存在缺点。例如石材虽然有装饰性很强的肌理，但是在加工性上就差于其他材料。同样合成塑料业也存在一定的问题，首先就是室内污染问题，因为高分子材料的使用产生的污染物有甲醛、苯、其他有机物等。还有防火性能问题，因为合成塑料遇到火灾容易造成有害的烟雾和气体，使人吸入后有生命危险。但是现在这些问题都是可控了，通过发现这些问题，改善它的性能，才能更好地满足室内设计的要求。

4 合成塑料对室内设计空间和室内设计风格的影响

4.1 合成塑料对室内空间的影响

作为一名室内设计师总是希望自己的设计和作品与众不同，具有个性化。对于室内设计师，这种个性的体现更多在软装饰和陈设品上，如果想要在室内空间上有重大突破，是有难度的，因为室内空间总有建筑结构的制约，所以不能完全脱离结构来做设计，只能把设计的重点放在界面的软装饰上，这也是软装成为室内设计主导的原因。如果出现了新的构造材料和方式，可以从根本上改变室内空间结构，也就是材料和结构成为空间的主要因素，不需要太多的其他的装修了。20世纪中期以来，钢筋混凝土的框架结构、钢构架和玻璃在建筑外观上的广泛采用，使室内设计得到了很大的发挥空间。随着时光的推移，高分子合成材料的快速发展，大量一次成型空间样式的出现，新时期的空间样式不再只是单一的在建筑结构上，可以变成充满个性的材质和形态，在空间中自由的组合。体现了室内设计不仅仅是"空间"的设计，更关注与空间的流动。空间的光影、富有动感的曲线条是室内设计中最新颖的视觉冲击力元素。优美的曲线条已经成为建筑师对建筑极限的挑战，高分子合成塑料的可塑性和容易加工性，正好满足设计师对空间形态塑造的要求。

4.2 合成塑料对室内设计风格也有所影响

各种材料因其质地、色彩、质地不同，会有不同的心理暗示，所以人们使用不同的材料会产生不同的室内装饰风格。从包豪斯学校的简洁、朴素的大面积玻璃幕墙以及楼梯和五金等材料获得装饰效果到如今的波普设计、激进设计，高分子合成塑料技术起到了很大的推动作用。设计师们已经发现了人造塑料，他们从未见过表面光滑、有机造型和明亮的颜色来表达他们的想法，很快就卷入这种反理性、追求强烈色彩效果和视觉效果的设计运动中来，由 ZENOTA 公司设计的"BIOW"充气沙发就是其代表作之一。由塑料制成，可以充气，是一个蓝色透明的塑料沙发椅子，携带方便，在运用新材料的同时也增强了沙发的趣味。当今，多元化的室内设计风格让材料运用更加不一样，也使得材料运用显示出更多元化的可能。合成塑料材料可以和各类石材、木材、皮革等，形成和谐统一的室内环境，也可以单独展示自身固有的质感，把材料的个性和特性放大，并注意材料的个体和本身肌理带来的艺术装饰效果。也充分反映最新工艺和材料的工业美感，更深挖新材料、新工艺中美学因素，让材料和室内功能以及设计想要体现的意境大一统，新型的合成塑料与新的铝、玻璃、与新的网状构件现代材料相结合，都充分显示高科技材料和室内设计装饰合二为一的特点，引领出一种新的艺术风潮（图1）。

5 合成塑料在室内设计中的应用案例

基于合成塑料的技术在室内设计中的两大主要应用方面，首先是合成塑料加工而成的室内设计的装饰品。灵活、

图1

轻盈的生活新理念，在形态、颜色、创意上的无穷变化更体现了设计师的想法，它的可塑性更能贴近设计师对材料韧性的要求，从而勾勒出无限可能的形态。尤其以意大利最有名的家具品牌 KARTELL 最具代表之一，从 20 世纪 50~60 年代起他们就抛弃了其他家具用的材料的做法，大量使用合成塑料，最主要的是以一种"实用的趣味"想法，设计出了各种各样的塑料家具。KARTELL 体现了塑料家具的轻量、可塑高、耐用、色彩丰富的特点。后来该企业逐步转向声场塑料灯具和其他装饰品，并大获成功，设计出系列的灯具。从影响来说，这个应用局限很明显，只能体现合成塑料简单有限装饰面。而另外一种应用就是，基于合成塑料的特点产生的技术从室内设计中的理论和原则出发，根据色彩构成、空间布局、设计风格、环保生态等多方面影响室内设计。

最成功的例子就是马德里的一个酒店，由著名已故设计大师扎哈·哈迪德设计的。她借助高科技的数字技术和材料，体现了空间流动性的特色，每一层平面都一样，但是电梯打开的瞬间，你完全被弯曲的可塑性 3D 景观所吸引，长椅和波浪起伏的墙壁和天花板无缝对接的连在了一起，走廊的白色墙壁鼓起夸张的凹槽。打开客房，房间内的家具、床、沙发、衣柜就像在这个空间里长出来一样，没有任何直角，也没任何生硬的边缘线，就连浴室空间也是一样，由一个模具挤压出来，浴缸、台盆融合在一起，哪怕是挂毛巾的挂件都整合在一个整体中。这是一个纯粹的连续的表面，墙壁、天花板、床垫使得制作环节格外复杂，为了能产生看样的效果，需要找到合适的材料，也就是我们韩国制造商生产的矿物复合材料和合成丙烯树脂热成型，也是合成塑料的一种分类。材料表面无孔，很容易清洗，最主要是他可以隐藏接缝，丝毫看不出拼接过的痕迹。其流动性通过高热和高温多次成型后，发挥塑料的可塑性，形成了更小半径，更加容易弯曲的表面，所以才会形成看起来像流动的空间效果，实际是其高度复杂的高分子合成塑料科技起到了很大作用。

6 结论

本文通过研究合成塑料在室内设计中应用，分析了应用于室内设计中的塑料的优势，得出以下结论：首先，合成塑料对室内设计的空间组织、界面的艺术处理等都有着无可替代的效果，合成塑料的技术是我们现代室内设计中必不可少的材料之一，不管是用于墙面还是地面的，还是室内家具等。然而，合成塑料会促进室内设计的发展，让室内空间的划分更流畅、自由，弧线、流动的空间形态，都能轻易的实现。各种肌理的高分子合成塑料，丰富室内设计的语言，简易的工艺特点，可以让室内设计的艺术表现更加简单。最后室内设计必将反作用于合成塑料的技术更新发展，因为只有材料在被使用过程中才能检验出存在的问题，为其发展和更新提供数据，合成塑料用在室内设计中也有一定的问题，为了解决污染等问题，就需要推动合成技术的研发和反思，以塑料为载体的材料组合技术是室内设计发展的一个新方向，在新技术和新材料日新月异的今天，利用材料的特性、先进的工艺技术，必将打造完美的室内空间。

参考文献

[1] 潘吾华. 室内陈设艺术设计 [M]. 北京：中国建筑工业出版社，2000.7.

[2] 占伟. 浅谈室内设计艺术与建筑技术的统一 [J]. 科技资讯，2009.27.

[3] 张莹莹. 材料的暗示——论室内装饰材料的选择与应用 [J]. 美术大观，2008.6.

[4] 周新强. 室内装饰材料运用的实用性和艺术性 [J]. 科技信息，2003.

[5] 许柏鸣，潘艳丹. 玻璃塑料家具 [M]. 南京：东南大学出版社，2005.

[6] 何新闻. 室内设计材料的表现与应用 [D]. 西南交通大学，2005.

[7] 王璐. 建筑用塑料制品与加工 [M]. 北京：北京科学技术文献出版社，2003.2.

[8] 宫艺兵，赵俊学. 室内装饰材料与施工工艺 [M]. 黑龙江：黑龙江人民出版社，2005.7.

[9] 李栋. 室内装饰材料与应用 [M]. 南京：东南大学出版社，2003.2.

展位设计中的品牌视觉效应研究

广西艺术学院　杨永波

摘　要：特装展位在展会活动中表面上看是在展示产品，实际担负着建立企业知名度、塑造企业形象的任务。在商业竞争激烈的年代，人们的消费心理已逐步走向了对品牌的认知。展会活动是商家打造、培养、维护自身品牌的绝佳机会。在云集客商的场合中，参观者很容易在同行业中区分和比较出企业的品牌特色。作为企业"脸面"的品牌形象元素在展会中表现的形式就显得尤为重要。在展会中企业商家如何在自己的展位上突出品牌形象、表现出自己品牌的特色已成为当今特装展位设计的一大课题。本文通过特装展示功能与VI品牌形象内涵的分析，探索如何在特装展位中树立品牌形象、提高品牌形象视觉效应。

关键词：品牌形象；特装展位

在商业高度发展的环境中，展会活动不仅为商家提供了客商交流的平台，还促进同行业交流、相关行业的沟通。企业通过展会促进自身发展、强化自身的竞争力、建立自身形象，在行业中赢得一席之地，因此展会是经济社会发展的推进剂。特装展位是企业参与展会的一种展示形式，它通常以引人入胜的展台造型以及严谨的展示活动策划，使参展公司光芒四射，达到提高关注、赢取更多宣传展示机会的作用。在企业宣传和展示的内容中，品牌绝对是首当其冲的项目。特别是如今商业同质化严重、同类产品竞争激烈的情况下，没有品牌，企业就无法在同行中脱颖而出。本文通过特装展示功能与VI品牌形象内涵的分析，探索如何在特装展位中树立品牌形象、提高品牌形象视觉效应。

1　品牌形象对于企业发展的重要性

品牌并不仅仅指我们看到的logo、标准文字、色彩等这些有型的视觉元素，而是由它们所产生的辨识度和代表性构成。它蕴含着企业的产品品质、售后服务、文化价值。企业的品牌战略就是要让这些视觉符号深入人心。让消费者对企业和产品形成的评价和认知与品牌视觉形象紧密结合在一起，形成一种有辨识性的独特感受。让消费者看到企业的视觉形象就能感受到它的综合品质，最终形成对企业的认同。而这种企业的视觉符号我们通常称之"品牌形象（VI）"，即品牌视觉识别系统，它就是企业综合品质的

视觉识别符号。

特装展位在展会活动中表面上看是在展示产品，实际担负着建立企业知名度、塑造企业形象的任务。在商业竞争激烈的年代，人们的消费心理已逐步走向了对品牌的认知。展会活动是商家打造、培养、维护自身品牌的绝佳机会。在云集客商的场合中，参观者很容易在同行业中区分和比较出企业的品牌特色。作为企业"脸面"的品牌形象元素在展会中表现的形式就显得尤为重要。在参与展会中，企业商家如何在自己的展位上突出品牌形象，表现出自己品牌特色已成为当今特装展位设计的一项重要内容。

2　特装展位必须展现清晰的品牌形象

经济高速发展的今天，同行业的产品和服务同质化的现象越来越严重，市场竞争变得越来越激烈，利润越来越少，企业经营也变得困难起来。在这样的环境下，转变经营理念调整营销战略，才能有效建立局部竞争优势，避免在竞争中的被动局面。不少商家在经营的过程中采取了差异化竞争，打造特色产品和服务，而这样的差异化首先表现在品牌形象中。通常情况下，品牌形象是在企业成立之初根据其经营理念确定好的，用于宣传、便于识别。而产品特装展示是品牌形象的重要表现形式和延展，品牌形象的融汇和体现不可缺少。因此特装展示需要抓住品牌形象的特点，寻找形成品牌差异化强有力的视觉支撑点并在顾客心里创造总体的正面形象，描述品牌的个性。

2.1 延续品牌形象，形成视觉差异

企业标志、标准字、辅助图形、标准色这些品牌信息元素是 VI 视觉识别系统的主要部分，如同人的名字，每一个品牌的形象都不尽相同、各有特点。特装展示作为品牌宣传的一个重要表现形式，结合品牌信息元素进行空间形式的设计容易取得清晰的品牌形象。从特装展示形式上形成视觉的差异化，有利于树立自身形象。

（1）对品牌信息元素的直接应用，能取得直观的品牌形象

标志、标准字、辅助图像本身就是经过设计的元素，是具有代表性的形象符号。这些符号不仅仅是一个图案、一串文字，更是代表了企业的经营目标和对客户的品质承诺，是现代社会开展市场竞争的重要武器。在特装展示空间设计和展具设计的时候，结合品牌信息元素的特点，进行直接的表现。有利于向顾客传达企业的核心价值，培养客商的感情，并且突破常规，达到直观体现品牌形象特点的设计效果。这样的处理不仅突出了视觉效果，让人耳目一新，吸引了观众目光，增强识别性，更有助于观众加深对企业和产品的记忆。

（2）对品牌信息元素特征的应用，延续品牌形象的风格

品牌视觉元素的风格特征蕴藏在视觉元素当中，特别是标志和标准字。从整体的风格和形象上分析，它们有的理性严谨、优雅和自由、还有的倾向于活泼。特装展示对品牌形象风格的延续是通过对品牌视觉元素进行取舍、提炼，提取最能代表品牌形象内容和特点的元素而达到的。这些元素最具品牌形象的内在特性，将其融合到特装展示的空间或道具设计当中，会使公司品牌形象更鲜明。

2.2 体现品牌个性，形成视觉差异

中国有句老话叫"物以类聚，人以群分"，我们通常会寻找与自己性格相符、情投意合的人为伴；买东西时会挑选适合自己个性的用品，这是人们寻求归属感的表现。品牌本身跟人一样具有自己的个性，品牌的个性在顾客心中建立起一种象征，它能让品牌唤醒消费者的归属感并使消费者产生共鸣。但是在展会环境当中能第一时间将品牌个性传递给顾客的是特装展示。作为整合形象，品牌个性需要在特装展示中有所表现。这也就是说提升品牌价值就必须将其特装展示塑造出鲜明的品牌个性，否则就会被淹没在品牌的汪洋大海中。

特装展示体现品牌主要体现在展位的形与色之中。企业的品牌个性是一种无形的情感信息，特装展示要将情感信息传达给目标顾客需要有一定的载体。这些载体是具有象征意义的符号。如谷歌在 2012 年 WMC 大会展位上搭建的一个滑梯，整个场地都被绿色大型 Android 机器人所包围，乐趣是特装展示的核心元素，从简洁造型、

富有灵动的组合和单纯的色彩上看，它带给人们科技理性的美感。凭借领先科技的支持以及体贴入微的服务，消费者可获得内涵丰富的个性化体验，体会到科技带给人乐趣的理念。特装展示只有具备消费者所欣赏的品牌个性，才能获得视觉差异化突出品牌形象的效果。这样的特装展示为消费者接纳、喜欢并乐意在其中进行消费，从而体现出其品牌价值。

3 特装展位必须树立品牌形象，强化品牌信息

如何设计标志及标准字的所处位置，是特装展示中品牌视觉元素应用设计的最基本、最重要的问题。它们不仅要存在于特装展示的外空间，还要存在于店内各个功能区域，甚至是较小的展具陈列空间，在不断重复中达到使顾客加深品牌印象的效果。

但是由于各个空间的职能不一样，标志和标准字的位置以及组合方式也不相同。

3.1 突出于特装展示的外空间

特装展示的外空间主要以整体的形式吸引目标客户，并给他们留下深刻的第一印象，这一印象可能会持续很久，并直接影响客户对特装展示的态度、行为，最终影响展示效果。这一区域中企业的标志和标准字是主角，必须成为整个特装展示的视觉焦点。所以设计的时候要给予他们足够的分量，即整个特装展示空间中他们在视觉上要显得够大、具有较强的对比，位置设置在展示空间的中间或者是视觉中心的位置上，有必要的话可以适当地在其他位置上重复一下，以进行加强。

3.2 加强品牌的信息空间

信息空间即展柜和展架的区域。这里主要展示产品，以传达产品服务的信息为主，这时的标志、标准字需要以辅助、衬托的形式出现，因此设计时不能让它们突出于产品。它们可以以超大的形式出现形成一种辅助，或者以较小的形式出现，作为品牌信息的延续。品牌信息是反复出现在每一个展示信息当中，以加强品牌信息的传达。

3.3 营造企业接待空间氛围

在接待空间中，标志和标准字显得较为重要。作为接待和贸易洽谈之处，结合广告、POP 企业宣传录等对营造品牌氛围也是必不可少的。

英国文学家、政治家 J. 艾迪生认为：我们一切感觉里最完善、最愉快的是视觉，它用最多种多样的观念来充实心灵。这就是说视觉是人们接收事物认识事物的主要途径。所谓"眼见为实，耳听为虚"，在所有感觉器官中，眼睛备受信赖。我们常说"眼睛是心灵的窗口"，这表明了视觉与大脑意识是相互影响和息息相关的。因此，充分利用视觉原理创造符合人们视觉习惯的环境，达到吸引顾客、突出品牌形象对产品的营销显得十分重要，这是在市场差异化竞争形式下，经销商谋求最大利益和保

持商品生命力的有力途径，也是顺应市场、顾客消费心理变化的经营方式。

4　结语

随着当今社会科学技术的不断发展和经济增长，人们的生活发生了翻天覆地的变化。越来越多的产品和服务进入市场，涌入我们的生活，使我们感受到了各种产品所带来的便捷与时尚。而特装展示作为展示、销售产品的窗口，功不可没，进而成为产业发展的一个重要支撑点。特装展示促进企业发展的优势已经获得市场的认同，在经济竞争激烈、产品同质化趋势的环境中，探索行业差异化发展、打造企业品牌优势是企业将产品和服务精细化、优质化发展的必经之路。对于在展会上推广品牌的特装展位设计，商家和市场的关注点将从以博眼球的绚丽外形转移到品牌特色的角度上。作为特装展位设计者也必须站在企业经营策略的角度思考，从他们的切身感受出发打开一片新的思维天地，更好地为企业服务，协助企业打造商业品牌形象，达成企业品牌战略目标。

参考文献

[1] 韩斌 . 展示设计学 [M]. 黑龙江：黑龙江美术出版社，1996，8（1）.

[2] 洪麦恩，唐颖 . 现代商业空间艺术设计 [M]. 北京：中国建筑工业出版社，2006，3（1）.

[3] 马大力，周睿 . 卖场陈列——无声促销的商品展示 [M]. 北京：中国纺织出版社，2006，3（1）.

[4] 郭永艳 . 展示传媒设计 [M]. 上海：上海人民出版社，2006，3（1）.

"网络竞赛驱动"教学模式中环境设计专业教师角色转化研究

广西艺术学院　杨　娟

资助项目：2017 年广西艺术学院教改项目《"网络竞赛驱动"教学模式中环境设计专业教师角色转化研究》，项目编号：2017JGY69。

摘　要：文章阐述了当前网络竞赛驱动这种教学模式在环境设计专业人才培养方面起到的巨大推动作用，对该模式下环境设计专业教师目前的角色现状进行了分析；同时以笔者在广西艺术学院环境设计专业教学实践过程中的经历为例，对网络竞赛驱动这种教学模式下环境设计专业教师角色的定位与转化进行了探索分析，提出了以网络竞赛项目为导向作为教师评定的一个重要标准之一，从而真正实现教师角色的转化。

关键词：网络竞赛驱动；环境设计专业；教师；角色转化

1 "网络竞赛驱动"教学模式的作用及意义

创新性、实践性、应用性是环境设计专业最为显著的特征，相对于一些传统学科老师机械地在讲台授课，学生麻木听讲的教学模式，竞赛驱动的教学模式与环境设计专业人才培养目标和要求契合得更为紧密，它的作用与意义可以从学生、教师、学校三个方面体现出来。

首先，对学生而言，竞赛的形式是调动学生学习积极性和主动性的最有效方式之一，同时也是培养学生多种能力的有效途径之一。这种能力包括了知识转化能力、实践操作能力等，使学生真正可以做到由学生向设计师的角色转变。其次，从教师的角度来看，竞赛模式可以让老师了解到最新的专业发展动态，调整固有的教学计划，改进现有的教学课程设置，从而不断加快自我的提升。最后从学校的角度来看，通过竞赛模式，可以推动学校完善教学体系的建设，改革人才培养模式及彰显专业优势。因此，一直以来，竞赛模式都是环境设计专业教学中的一部分，代表性的如全国大学生环境设计大赛、全国大学生室内设计竞赛、全国大学生工业设计大赛等一些较知名的赛事。

但是，这类传统竞赛往往是采取自上而下的开展形式，存在着一些譬如专业性要求相对较高、比赛范围窄、比赛的目的与社会实践需求适应性不强、参赛条件限制多等方面的约束，这就使得以往环境设计专业的学生并不是人人都有机会参与其中，而能够从这种自上而下举行的竞赛中得到锻炼的，往往还是专业上拔尖的那部分高年级同学，这也就造成了在学生中两极分化越来越明显，少数优秀的高年级学生不断通过竞赛锻炼提升自己，大多数低年级的学生学习积极性屡受打击。而近年来，互联网竞赛的逐渐盛行，则打破了环境设计专业这种自上而下开展的传统的竞赛格局，这些网络竞赛中既有类似国际园林景观规划设计大赛、全国大学生建筑设计方案竞赛这样官方举办的国际级、省级的赛事，也有类似诸如各高校举办的环境设计学年奖这类学术性赛事，还有许多社会企业为主体举办的针对项目实施等操作性强的比赛，如某某杯环境设计大赛。这些比赛涵盖面广，层次分明，参赛门槛低，实战性强，学生们可以根据自己的能力来选择参加不同目的要求的赛事，进而真正锻炼和提高自己的专业水平和竞争意识，对教师和学校而言，许多学生在网络竞赛中取得了优异的成绩，他们的作品或成果直接或间接地为学校与企业之间搭建起了新的合作途径和研发平台，深化了校企合作，也实现了教学的良性循环。

2 "网络竞赛驱动"教学模式下环境设计专业教师角色现状

2.1　传统知识传播的主体演奏者角色。这部分教师对于学生而言，既是知识的拥有者，又是知识传播的主体演奏者，这部分教师在教学中，主要还是依赖口头语言和文字符号来进行授课，授课特点往往表现在强调理论知识的灌输。而即便在理论与实践的结合要求中，这部分教师也多是突出设计案例的讲解。而环境设计专业在具体的应用上，时刻涉及譬如不同结构所需材料及适用的施工工艺、流程以及结构图纸的绘制等，都不是单凭理论的讲授和案例的讲解可以让学生完全掌握的。

2.2 传统环境设计专业课程的执行者。这部分教师在教学中，通常是环境设计专业课程的忠实遵循者。因为目前的网络竞赛驱动教学模式尚未普遍成为各高等院校环境设计专业的课程设置，大多数老师对网络竞赛这种教学形式并不付诸更多的关注，他们往往还是将注意力放在一些一直以来作为环境设计专业教学中固定的竞赛实践课程形式上，譬如全国大学生室内设计竞赛这类竞赛通常就像命题式作文一样，每年换个主题，而教师年复一年在指导学生时不经意间就会在设计流程、设计思维上变得固化，设计方法创新越来越难，对教师而言，最后仅仅是完成了竞赛实践课程的工作量，学生比赛成绩结果好坏都无关紧要，更谈不上通过竞赛来总结提升教师自我的专业能力了。

2.3 创新意识的引导者。这部分教师重视网络竞赛驱动教学这种模式，在指导竞赛方面，主动去熟悉各类网络竞赛形式和平台，然后根据不同学生的特点选择相应的竞赛项目提前准备并给予学生针对性的辅导。通过各种网络竞赛，这部分教师总结归纳出学生在竞赛实践中所涉及的知识点，并以此作为理论教学或课程内容调整的依据，进而在教学中，有意识地在课程编制上进行一些内容上的改革，譬如一些环境设计的规划教材，一直以来是环境设计专业固定的教材，而目前，越来越多的教师根据目前网络竞赛的实践情况，开始打破这种单一文字教材的格局，把现代电子教学媒体组成的多媒体教材作为教科书的核心，如新浪公开课和一些设计专业网站的云课堂，而网络竞赛这种形式，无疑是产生这样的创新思维和行动的一个很好的催化器。

2.4 项目团队合作的设计者。这类教师是把教学过程构想成了一个个相对独立的任务项目并安排给学生来完成，通过一个个项目的实施，使学生了解和把握完成项目每一个环节的基本要求与整个过程的重点及难点，使理论知识在项目操作的实践中得以拓展。网络竞赛则是这种项目实施的最佳载体，这部分教师将每一个不同的竞赛视为一个个不同类型的项目来对待，而通常一个出色的项目离不开一个默契的团队配合。此时，教师不再是授课指导的身份，而是与学生一样是项目的参与者，选择不同层次合适的成员，整合队伍，根据成员特长合理分配任务并相互合作，这样不仅培养了团队的合作精神，也使得不同层次、能力的学生逐步提升对自我价值的认识，了解到自己的不

足和他人的长处，取长补短，最终推动教学质量的提升。

3 "网络竞赛驱动"教学实践下环境设计专业教师角色的转化

本人 2008 年开始从事环境设计专业的教学工作，未关注过网络竞赛，授课形式比较传统，拧着课件、教材进入课堂讲授，讲授完后布置作业，学生按部就班的完成作业，主要通过作业完成状况了解学生掌握该门课程的情况，教学中基本扮演着上文中提及的演奏者与执行者的角色。

随着教学工作的深入，本人渐渐发现学生多数会在各类竞赛来临之际上课特别认真，竞赛驱动可以最大限度地发挥学生的学习主动性。基于此，本人便明确了以竞赛驱动形式切入教学的方式，除了传统的设计竞赛外，开始尝试关注互联网上诸如设计群、中国设计在线、设计比赛、我爱竞赛网等大型设计网站，逐步将网络竞赛与自己的教学相融合，具体体现在：在每上一门课前，根据所上这门课程的教学内容、性质、特点在互联网上搜索与之相对应的近期环境设计竞赛，告知学生掌握了现在所学这门课的知识后可以通过自己的想法做设计，参加哪些正在举办的设计竞赛。在理论授课的教学过程中同时加入实践性操作，对学生提出的设计思路和想法进行指导，慢慢引导学生增强学习的兴趣，培养他们参赛的经验。

2014 年本人选择网络云课程辅导形式，指导学生参与了设计群网下的第四、第五届中国梦设计竞赛，这个网络竞赛有门槛低、受众面广、可连续性等特点。当时本人授课对象为环境设计专业大学二年级学生，这部分学生刚开始学专业基础知识，基础较薄弱，学习动力不足。针对此种情况，本人让多位同学以小组形式参加这种竞赛，自己按照课上理论知识讲解，课下网络线上细心指导的方式来让学生进行备赛。第一阶段，资料查找、梳理。根据设计任务书要求，让大家根据要求进行资料收集、实地考察、做分析报告。第二阶段，设计初稿。按照每个同学的设计专长，给大家分配了任务，要求大家在规定时间内出设计初稿，初稿经过小组讨论反复推敲——修改——再推敲——再修改，同时编写项目方案说明。第三阶段，效果图制作。确定好设计初稿后便开始紧锣密鼓的制作模型，以单元或空间区分形式分配建模任务最终完成渲染效果图。第四阶段，修整图纸，汇编成册。查漏补缺，按设计院的工程图纸验收标准，提高图纸设计完整度。最终，第一次参加网络竞赛毫无深厚专业知识与技能的大二四名学生取得了三等奖的好成绩。通过这次竞赛，本人发现自己与学生的距离更近了，自己的专业视野也有所提高，更难能可贵的是通过此次竞赛，实现了从一名"教书匠"到研究者、学习者、组织者、激发者的转变。

随着这种网络竞赛与教学的融合不断加强，为了更全方位地指导学生的参赛作品，打破传统的学生作品只

能看不能用的局面，使参赛作品可以"用"。本人又尝试设立了全过程辅导的形式。一些网络竞赛平台开设有在线课堂，本人加入到网络平台的在线课程队伍中，在网络竞赛平台上认识了天南地北的设计师、教师，在平台上与教师和工程师、设计师互相学习与探讨，多学科相互融合逐步形成一个指导团队，根据不同性质的竞赛，采取团结队模式来辅导学生。使得学生能得到多方位、多领域更全面的指导，设计方案也更完整、更成熟。在创作中看得比别人更远些。2016 年指导学生参与设计群网竞标式"第五届中国梦绿色建筑创意设计竞赛"，两组学生设计作品分别荣获二等奖和优秀奖，方案设计在实际的工程项目中得到招标方与评审团的一致认可。可见，学生参与竞赛过程中所学到的设计思路，运用到设计工作中，从不起眼的设计竞赛方案到一个工程方案的呱呱落地，从一个营头小兵成长为独当一面的设计工程人员，网络竞赛起着不可小觑的作用。

综上所述，"网络竞赛驱动"使环境设计专业的教学模式发生了巨大变化，传统的教学模式中实践形式单一、广度不足，难以培养学生解决实际问题的能力，而要改变这种局面，教师角色转变无疑是关键。成为创新意识的引导者、做项目团队的设计者越来越成为当下环境设计专业教师发展的趋势，而广阔的网络竞赛平台为这种角色转化提供了强有力的支撑，将网络竞赛项目为导向作为教师评定的一个重要标准之一或许可以成为环境设计专业教学改革中可以参考的一个因素，只有教师的角色真正发生了转换，环境设计专业教学改革才会取得真正意义上的成功。

北海骑楼现状及价值研究

广西艺术学院　陈秋裕

摘　要：北海骑楼建筑从它的创造与发展、与自然环境和社会环境的和谐建构过程中，以其特有的呈现方式展现了北海文化内涵的多元化特征。挖掘其价值，更好地为当前形势下新农村、新城镇建设服务。

关键词：骑楼建筑；民居价值；美学价值；历史价值；文化价值

1　现状概况

北海珠海路和中山路是北海骑楼主要集中的地方，也是北海历史的见证。1927 年北海将数条距离海边约 70 米远，大小不等的旧路，拓宽至 9 米建为珠海路，长 1.6 公里，成为当时最具规模和现代化的街道，并逐渐成为北海最繁华的商业中心。接着修建中山路，长 1.7 公里，实属中国最长的骑楼老街之一，一色的骑楼体现出中西建筑文化的融合与演变。珠海路、中山路所处的地区现已成为北海的老城区，北海老城留下来的不仅仅是街道，而是一个面积约 0.4 平方公里相对完整的历史街区——当今北海市的母体所在。老城在经过商业低落的沉寂时期，经过了多次战乱，到 20 世纪 90 年代北海大开发时，北海人明智地选择在它侧畔拓展新城，而没有触动这块历史文化宝地。

在北海市民的积极要求及有识之士的极力倡议下，得到政府的重视，北海骑楼老街现已基本保存下来。由于珠海路骑楼街历史较长、街面完整，建筑体量均等、风格统一，质感、色彩大体一致，骑楼连续性强，具有步行街适当的规模长度，所以现在政府已把它改造成一条以游赏为主，步行化的旅游商业街。街道地面已修缮一新，整齐光洁的仿花岗岩长条石铺就的街面令行人神清气爽、舒适安全，可以左顾右盼老街两边的骑楼艺术，休闲、购物、游赏贯穿着整条街道，成了旅游人群、旅游商品、娱乐服务、文化风情集中的旅游街。在街上摆放着几组铜雕，这些公共艺术描述着北海人过去生活的场景，勾起了人们对往事和历史的回忆。

中山路骑楼街历史稍短，街区规模、建筑体量较前者大，样式多、种类多，然而街道连续性较差，改造过多。因商业较为繁荣，现在还是一条充满活力的街道，承担着一定的交通运输功能。

随着北海人意识的提高，政府的关注，北海骑楼建筑得到了保护和利用，但在传承和发展方面，做得还是不足。

2　民居价值

"民居是中国传统建筑文化差序格局中的一个序列，是乡土智慧的建筑表现。民居建筑离中国传统建筑文化核心较远，受中国传统建筑文化核心力的牵制较弱，因而获得了建筑形制最大的自由度，有了更丰富的地域性、民族性、日常性和世俗性，使民居表现出形态的多样性。"各个地方在地理位置、气候条件、自然环境、生活方式、生产力水平等各方面有所不同，形成了不同的创造思想和创造手法，因而建造出形态各异的民居，即各地民居的类型存在一定的差异性。这种差异不仅在于外在的形态，还在于内部的结构和空间组织。一种民居的形态常常是长期演变的结果，是世世代代城乡居民经验的总结，实际上也是一种适应本地居民生活、劳动的建筑，是按前人的布局和构思传承下来的。随着文明的不断进步，民居也不断地改变着原有的形态，但一直不变的是它后面的精神力量和存在意志。现存的北海骑楼有一百多年的历史，经过了历史上商业沉寂的时期，依然较好的保存至今，其民居后面的精神力量和存在的意志具有丰富的价值内涵，其内在蕴含的历史、文化、美学、研究、创作等价值，使北海骑楼成为多元价值的综合载体。因此，对它的传承首先应当认识其存在的价值。

3　历史价值

建筑是社会历史的活化石，建筑是人民大众的住所，建筑及其聚落最直接地反映出各历史时期人类的衣、食、住、行等社会状况。从各地的考古学家对古聚落持续的研究，可知对历史上各时期建筑及其聚落的纵向与横向的研究，更可以看到一个民族发展历史及迁徙情况。北海骑楼建筑，反映了当时的政治、经济、民生、文化等社会状况，以建筑的形式记载着历史的进程，为北海历史的研究提供了依据。1927 年以前，北海珠海路曾是北海最繁华的商业街区，店铺鳞次栉比，中段的店铺主要经营来自苏杭的绸缎，东段的店铺主要经营鱿鱼、沙虫、虾米、鱼干等干海货，西段接近外沙港口，所有店铺全部经营缆绳、渔网、渔灯、风帆布、船钉等渔民用品，其间不乏发达的商业、金融业和旅馆业。北海骑楼建筑见证了这座城市的百年沧桑，人们游览在这条历经沧桑的骑楼老街，还能感受到它昔日的美丽和曾有过的兴旺，因此对北海骑楼的研究从历史角度出发具有一定的价值。

4 美学价值

北海骑楼建筑强调整体与秩序的美，追求和谐统一的美。骑楼空间的广延性、时间的连续性，似乎能给人们一种特有的美——哲理美、模糊美、过渡美，同时伴随着一种生活美、行为美、情趣美。

北海骑楼的廊道，除了提供人们舒适的空间环境外，还具有框景、隔景、引景、分景的构图作用。廊道空间除了"被看"，还有"看"的艺术性。站立或行走在骑楼之中，人们安全地欣赏到柱廊之框的框景作用，一个框一个框的扫描获得步移景异的美感，柱廊、柱列的透视效果帮助人们心驰神往前行，引来一个个别样的商橱景窗。骑楼廊道是一种灰空间，给人们心理上、空间感受上、物理环境上以过渡美、模糊美，诠释着一种中华民族的审美情趣。

北海骑楼街由数百上千座骑楼建筑联系在一起，骑楼底下的柱廊空间就会发生奇迹般的建筑艺术效果。这里形式美学的要素非常丰富，形式美的变化也极其丰富。北海骑楼建筑相似女儿墙的重复、窗洞阳台的重复、柱子的重复，产生了一种积极有生气的节奏感和韵律感。透视北海骑楼街道，骨骼要素的渐变，可形成视觉的焦点和高潮，可造成起伏感、进深感、与空间的运动感。近似的规律，使一组形状、大小、色彩、肌理相似的形象组合成了强烈的系列感。逛骑楼街的惟妙之处不仅在于购物，还在于步移景异、美景养眼。

5 文化价值

民居建筑是一部凝聚了民情、民音、城镇特色的地方风俗画卷。民居建筑文化作为文化系统中的重要部分，它以物质形态表达其文化内涵，以技术手段对历史文明作出阐释。作为一种文化载体，它所反映的民族性、地方性十分明显，对当地的自然条件和资源种类极为敏感，对主人

的社会地位、经济能力以及审美情趣等表现得最为直接。随着物质文明和精神文明的提高，人民必然深刻认识到地方传统文化的可贵之处。

北海骑楼建筑文化，不仅带有本地本土的岭南文化，还受南洋文化、西方文化的影响和渗透，在北海骑楼建筑的一些形态和细部处理方面，明显呈现出各种文化在此冲突、碰撞、融合、交流的特色，充分体现了地域文化的特征。经济的发达似乎总是体现在西方文化特色的先进、优越上，侨乡人光宗耀祖、衣锦还乡的心理，似乎也表现在炫耀外来时尚、仿欧式的高贵风流上。侨乡骑楼的争鲜斗艳，也正是中国人文化心理的一种表现。而中国工匠对西方建筑的细部纹样因完全无法理解读懂，故无法模仿到家，也觉得没有必要，于是就采用了具有深厚本土文化和中国传统工艺的梅、兰、菊、竹、金鱼和蝙蝠等传统装饰题材，运用到女儿墙、商号、姓氏匾额等细部，使之凝聚了丰富的中国文化。

中国国门的打开，首先推动的是商贸事业和商业活动。北海骑楼建筑的特色表现在一个"商"字上面。骑楼建筑根植于商贸文化，并随着商业的发展而发展。骑楼建筑的生命力与北海的商业文化理念、价值理念、思维方式和审美情趣都有着密切的关系，北海商家的世俗理念和经营理念都可以从沧桑厚重的骑楼建筑中折射出来。北海骑楼建筑不但让人们看到一些在新市区已经无法看见的东西，还可以满足人们的一种怀旧心理，更重要的是可以读出北海厚重的历史文化，衍射出深受北海海洋文化熏陶的特色。

北海骑楼街区兼容了农业文化和海洋文化，具有平民性、重商性，所以她是市民的、商品的，又带有感性化的世俗文化色彩，以及因此而构成的市井文化特征。

6 研究价值

骑楼建筑从使用者的需求出发，在实践里逐步形成了一整套适用于本土地域条件的民居建筑方法。骑楼建筑因地制宜、相地造屋的营造方式，亦包含了珍贵的科技价值及朴素的居住环境生态理念以及民间建筑科学理论。同时，骑楼建筑也具有一定的生态价值。骑楼建筑取向于生态环境，依附于自然地理、气候条件，是一种适合当地自然环境和历史文化的建筑形式，是一种具有强烈环境意识和丰富历史信息的高品位建筑文化形式，它通过自身合理存在把人和自然真正和谐联系在一起。

北海所处的岭南地区，雨量充沛，树木繁茂，而且有很多适合烧制火砖的土质，所以北海骑楼建筑多采用砖木结构，易于取料，减少建筑成本，而且坚固结实。北海临近海洋，气候炎热潮湿，海风带有一定的腐蚀性，故在表面抹灰刷浆，石灰涂于表面不仅可以防止雨水渗入墙体，还可以保护墙体不易被海风腐蚀。北海骑楼建筑多用白色

作为其主要色调，主要是因为白色是所有颜色中反射热量最多的颜色，可以使室内空间清爽舒服而不闷热。这里的建筑充分体现了"天人合一"的思想，就地取材，顺应地势，适应自然环境，是建筑根生于大地的典型代表。

深入研究北海骑楼建筑，对现代建筑的生态与可持续发展趋向有借鉴与启示作用。

7 创造价值

这里所说的创造价值，并非狭义地指骑楼建筑的直接利用价值，而是广义的建筑创造价值，即对它的创造手法、创造思想的再利用。对北海骑楼建筑这样保存较好的民居建筑应继续保护，但也可以加以改造、利用。对它的创造手法、创造思想、美学特征也可以结合现代科技进步的技术和材料，运用到创造的新建筑、新街区中，形成一种文化的传承。民居建筑的创造手法和创造思想是其建筑价值的真正体现，也是研究民居所要解决的问题。

参考文献

[1] 雷翔. 广西民居 [M]. 北京：中国建筑工业出版社，2009.8.

传统村落乡土景观保护和利用方法探析
——以南宁市那廖坡景观改造设计为例

广西艺术学院　黄一鸿

摘　要：在美丽乡村的建设过程中，如何保留住我国传统村落的文化内涵和精神特质，是广大设计人员和建设工作者共同关注和思考的问题。本文拟从传统民居的修缮和保护、乡土材料的运用、乡土器物的运用、乡土植物的运用、乡土技艺的运用等几个方面进行阐述，为传统村落乡土景观设计提供思路和可行的途径，从而保护乡土文化、构造特色乡土景观，提升当地居民的生活环境品质。

关键词：那廖坡；乡土景观；保护；利用

1　引言

2013年6月中国城镇工作会议上提出，要"让城市融入自然，让村民望得见山，看得见水，记得住乡愁"。在2014年国家中央一号文件再次强调要加大对于农村居住环境的整治，创建美丽乡村成为建设新型农村的重要举措。广西在美丽乡村的建设过程中，注重对乡村特色建筑的修缮、特色乡村风貌的延续与保存，努力将广西特色文化融入到美丽乡村的建设中，做到对优秀传统文化的传承、保护和利用，实现古村落民居的传统与现代有机结合，最大限度地改善传统村落的人居环境。然而，在全面推进美丽乡村建设的过程中，一些村落规划缺乏整体性和延续性，使得传统村落的乡土景观面貌正在遭受威胁和破坏，如何既能保留住传统村落乡土景观的历史风貌、文化内涵和精神特质，又能满足当地村民生产和生活的需求，是广大的设计师和建设者需要共同关注和思考的问题。文章以南宁市那廖坡景观改造设计为例，来探析美丽乡村建设过程中对传统村落乡土景观的保护和利用。

2　那廖坡景观改造设计

那廖坡位于南宁市良庆区大塘镇太安村中部，距离南宁市中心约30千米，传统村落景观改造设计的面积约为130亩，村落东、南，北三面水塘环绕，大小共计35处，面积约75亩；村落中大小建筑50多栋，建筑面积约4237平方米。村落处于盆地地形中，四周青山环绕，属于丘陵地区，村落中地形起伏较小，绝对高程最低点112米，最高点124米，高差约为12米，局部山体坡度较大，地形复杂。村落内有两条主要的道路，可通小型机动车，以碎石路为主，局部路段损坏严重，交通不完善。

2.1　设计理念

那廖坡传统村落景观改造设计遵循可持续性的设计理念，将"自然的可持续"与"人文的可持续"有机结合，满足当地居民的物质文化需求，也符合对当地文化和土地的尊重。本案中，拟通过对村内各景观要素（地形、建筑、植物、水体、道路、器物等）的合理利用和改造，改善村落人居环境，营造出具有当地特色的乡土景观。结合那廖坡村落的选址、原有的聚落肌理以及传统民居实际情况，整合资源，突出特色，努力将那廖坡打造成特色明显、生态宜居、富有文化内涵的乡土景观示范点。

2.2　建筑修缮和保护

村落中建筑主要可以分为三大类，一类是古民居，数量较多，修建时间为清代晚期，建筑材料以青砖为主，结合木材和石材的运用，屋顶覆盖小青瓦，整体建筑风格自然、质朴。建筑的外墙、门窗、檩条、檐口、局部装饰细节等有不同程度的损坏；另一类建筑以石块和红砖做基础，结合夯土建造，数量较少，为近几十年修建，多损坏较为严重，存在安全隐患，村民现在主要用来做牲口房和储物房。还有一类是村民近几年修建的住宅，以红砖为主要建筑材料，采用砖混结构，以两到三层为主，多位于村落主入口处。在对廖坡传统村落景观改造设计的过程中，针对各类建筑采取不同的策略，对于古民居，主要以保护和修缮为主，对损坏的建筑外立面修旧如旧，对内部结构进行加固。对于破损严重、存在安全隐患的两栋夯土建筑进行拆。对农民新建的住宅外立面进行适度合理改造，使其在形式、色彩和肌理上相对协调，清理住宅周边的生活垃圾，整理院落和道路的铺装，改善地面排水等。

2.3 乡土材料的运用

乡土材料包含的内容极广，建造房屋的砖、木、瓦片，乡野的石头、野草、泥土等，几乎乡村聚落里产生的一切事物都可以称作乡土材料。它是乡村中最常见的事物，也是最不起眼和容易被人们忽视的，但是它却是构成乡土景观最重要的组成部分。在本案中，生态停车场、古巷道、入口广场、休闲平台的设计中，多采用当地废弃的旧砖瓦材料，作为地面的铺装材料，实现就地取材，循环利用，最大限度地降低建造成本。在入口广场、村史馆区域的景墙设计中，多采用当地的红砂岩，结合运用废旧的砖瓦，根据不同的材质和形态，加以利用，形成丰富错落的景墙。

2.4 乡土器物的运用

乡土器物是为了满足人们生产和生活的需要而创造出来与当地环境相适应的各类器具，是地域文化的重要载体，也是反映当地风土人情的重要窗口。随着社会的发展和科技水平的进步，一些乡土器物逐渐被新的产品所取代，日渐退出了人们的日常生活，失去了原有用途。在对那廖坡的考察中，我们发现许多与当地居民息息相关的乡土器物，如石碾、石磨、柱础、石槽等，这些器物被人们随意丢弃在各个角落。在设计中，利用这些当地常见的乡土器物，营造特色景观，展现那廖坡的历史文化。在村口的平台中，将旧的石碾和石磨进行清理并重新组合，形成新的景观小品；利用柱础等石头建筑构件嵌在景墙当中，并将石槽、陶罐等乡土器物摆放其上，起到了很好展示效果。其中一栋闲置的传统院落，位于村落中部，保存较好，建筑入口大门上有清代贡生陈际良手书牌匾"进士第"，具有一定的文物价值，通过建筑外立面的修缮和室内改造设计，作为本村的村史馆，保证古村落肌理的继承性，实现建筑功能的转换，也可以使其成为那廖坡未来发展中必要的旅游资源。

2.5 乡土植物的运用

乡土植物指的是乡间本土的植物，具有明显的地域特征，也是一个区域最常见的植物，最适应当地生态系统的植物群落，具有生命力顽强、便于维护和管理等特征，它们对于维护当地的生态平衡有着重要的作用，是构成乡土景观的重要组成部分。在那廖坡，狗尾草、芦苇、菖蒲、荔枝、龙眼、木瓜、黄皮果、榕树等是最为常见的乡土植物；也包括当地的农作物，例如红薯、水稻、玉米、甘蔗等。在那廖坡乡土景观的设计改造过程中也充分运用当地的乡土植物，在房前屋后的空地中设置小果园、小菜园，多选用当地本土的植物，其中果园以木瓜、黄皮果、龙眼、芒果为主，在菜园中种植红薯、香芋、西红柿、辣椒等农作物。水塘周围种植菖蒲、梭鱼草、荷花、再力花为主，形成丰富的景观层次。

2.6 乡土技艺的运用

乡土技术是当地居民世代积累下来的技术经验，是当地劳动人民智慧的结晶。乡土技艺经过无数次的实践和总结、改进，经受住了长期的历史检验，在特定的地域内，它们与人类和自然有着更为和谐融洽的关系，也充分体现了当地劳动人民师法自然、天人合一的设计思想。在本案设计实施过程中，采用当地的工匠、当地的营造技艺和尺度，对传统村落进行修复和改造。例如在部分民居的修复过程中，采用传统的筑板夯土技术，恢复建筑原有的风貌，保持其真切的历史风格。

3 结语

乡土景观是乡土文化的重要载体，在美丽乡村建设的过程中，如何保留传统村落的乡土文化内涵，同时满足当地村民的生活和生产需求，发展具有中国特色的乡土景观，是设计工作者共同努力的方向。那廖坡没有显耀的历史遗迹，是中国千万普通传统村落的现实缩影，设计上尊重传统村落的历史风貌，遵循"原空间，原风貌、原尺度"；建设上遵循"原来的材料、原有的工艺、原地的工匠"；使用当地的材料与技术，不大拆大建，努力保持其平淡、普通、真切的历史风格。本文从传统民居的修缮和保护、乡土材料的运用、乡土器物的运用、乡土植物的运用、乡土技艺的运用等几个方面进行阐述，尝试为传统村落乡土景观保护与利用提供方法借鉴，希望能够对乡土景观设计探索和相关课题研究有所助益。

参考文献

[1] 中央城镇化工作会议在北京举行 [N]. 人民日报，2013，12.15（001）.

[2] 陈忠奇 . 台儿庄古城规划建设与保护研究 [D]. 西安建筑科技大学，2012.

浅议"互联网+"时代下的会展设计

广西艺术学院　宁　玥
广西大学行健文理学院　黄寿春

摘　要：在社会发展的今天，会展艺术设计越来越被企业所重视，企业新产品的研发推广往往是通过展会来实现。这时会展艺术设计就成了吸引客户至关重要的媒介，也成为会展经济和会展产业链中不可缺少的重要组成局部。"互联网+"为会展设计搭建了更多合作的平台，以"互联网+"为基础进行会展设计，能更好地传达设计意图，实现最大化的信息传递。

关键词：互联网+；会展设计；新媒体技术

1　什么是"互联网+"

"互联网+"是创新2.0下的互联网发展的新业态，是知识社会创新2.0推动下的互联网形态演进及其催生的经济社会发展新形态。"互联网+"是互联网思维的进一步实践成果，推动经济形态不断地发生演变，从而带动社会经济实体的生命力，为改革、创新、发展提供广阔的网络平台。"互联网+"就是要把互联网和实体经济中的各种行业相结合，从而使实体行业融入互联网这个未来的虚拟社会中，增加新的经济增长点。

2　"互联网+"下的会展经济

传统意义上，会展设计是指在会议、展览会、博览会等活动中，利用空间环境，采用建造、工程、视觉传达等手段，借助展具、设施等技术将所要传播的信息和内容呈现在观众面前。传统的会展作为人们社会生活的重要公共生活空间之一，其呈现方式多以视觉、听觉和触觉三感作为主要信息传播的三维感官路径。

随着科学技术的迅速发展和商品竞争的加剧，传统的会展设计已无法满足商家宣传品牌的需求。现代意义上的会展设计越来越快地投身于不断的求新求变之中，表现手法是多种多样的，设计形式也是不定向的。在数字化环境下，会展设计发生了很大变化。快速的由传统的实物会展设计向虚拟会展艺术设计发展。

对于会展设计来说，其价值本质是：为客户创造一个空间——实施整合营销，客户品牌和价值体验，提升客户品牌影响力，体现设计和工程服务的附加值、价值观的体现和认同，提高客户满意度和忠诚度。企业围绕价值本质的全部基本和辅助价值创造活动，构成了一个创造价值的动态过程，即价值链。围绕设计和工程为客户所实施、呈现的品牌传播、价值传递，也就是展览设计和工程服务的附加值，也是"互联网+会展设计"在产业链这一环节的重心。

随着科技的发展，展台已由初期的配以"声、光、电"效果，扩展到现在实现了综合灯光、视频、音频、多媒体、互动体验等多种技术和效果，但是，仍然没有摆脱物理空间的角色。在展示设计中加入"互联网+"概念，即是以互联网技术贯穿、连通所有展示功能，例如VR和物联网技术的应用能够更加使得所展示的物品和参展者更加好的交流和互动。新媒体技术支持下的各阶段营销和传播，需要的是以"互联网+"的跨界融合与创新驱动理念，重新定义传统的展览概念，甚至重新定义展览设计和展览工程，展览已经不局限于定时定地定规模的展示了。完成对传统展览形式和形态的"颠覆"。而最终目的还是更好地实施会展整合营销。

3　"互联网+"与会展设计

会展设计是为了有效地传播信息，而信息的受众即为展览的关注。如何从同类别的展示内容中脱颖而出，考验的是会展设计如何更有效地吸引观众。笔者认为从观众的角度来说"互联网+"影响下的会展设计应该关注以下几点：

3.1　移动化的参与式体验

在传统的会展设计中，往往容易受到场地的限制，大部分的展品与信息只能通过投影设备及展板进行展示，这样的展示手法限制了信息的最大化传递。"互联网+"模式下的会展设计，可以联合多方面的设计媒体，通过互联网引导展示流程、介绍和演示产品、操控设备甚至现场环境，实现多维度的观展模式。

会展设计通过精心策划的主题、精心设计的环境、精心设置的展品、精心组织的营销活动、精心组合和调配的资源，在特定气氛和时间内带给参观者的参与体验，或震撼或欢乐、或沉浸或激动，都将激发参观者从感官、到感情、到思考，最终形成对品牌的认知和行动，完成参展品牌从基础价值到附加价值的转化：产生一种"极化"、"磁化"作用，当这种作用足够强烈，就可能固化为一种观念——一个展览的"灵魂"是能够倡导、传播一种信息，从而左右消费行为。

3.2 多元化的信息传播

会展活动，特别是展览活动对于参观者，真正的价值在于展位和展示内容所传递的内在信息。传递信息是会展活动的基石，一方面是信息的实物性、直观性和集中性；一方面是因为信息集中和特定策划所派生的"事件性"，吸引众多新闻媒体和产生"眼球效应"；再一方面是信息的互动交流。参观者和外界获取信息的质量就是会展活动的质量。

在"互联网+"现代展示设计可以在原有基础上，增加互动多媒体组织现场各种体验式活动设计区块通过大屏幕终端直接与场内外交流、订购、采访、发表个人观点和感受，从而达到信息更有效的传播。如在会展设计中，通过VR展厅能做到三维立体展示和数字交互展示的双重效果。目前企业产品大多用物理沙盘和实物展示，参展人凭借自己的认知了解产品具体情况，只能依赖于工作人员的讲解详细的内容介绍，细节内容展示效果欠佳，还无法让用户了解海量信息的展示需求。通过三维技术设计展厅，可以通过设计平台搭建三维展示场景将海量的展示信息展出，并以数字化、具体化搭配有触摸功能的屏幕进行展示，观众可以360°查看他们感兴趣的内容。通过滑动/旋转/放大/缩小等手势即可拆解三维展示场景中的模型查看详细信息，如建设中的楼盘户型/光照情况/小区建设、汽车的内部构造、高端信息导航、博物馆中珍藏品的近距离观看等。

3.3 主体性的精神引导

成为某一类别的消费群体或某一类会展活动的"精神领袖"，无疑是会展、特别是展览会活动参展者和活动组织者想达到的最高境界，这意味着他们有着足以作为引导群体和行业的清晰、被广泛认同并理解的价值观念，在他们所组织或参与的会展活动中，这种价值观在一个特定的平台上被推广、放大、传播，带来巨大的社会和经济效益。

在进行会展设计时，简化平面内容的设计，通过强调展品主导性设计引导观众关注展位，再通过结合移动互联网技术，最大化的输出所要展示的信息。

在会展设计中，加入在会展设计中运用移动互联网技术，通过设计展示线上的内容的平台吸引观众注意力和兴趣，以提升其在线下会展活动中的参与度，连接虚实，从而实质上形成有效的互动，而这种互动，可以实现手机与会展展示设备之间的无线对接或观众间的实时互动，从而为观众提供更多元的趣味性。

4 "互联网+"对会展设计的积极作用

随着移动互联网技术的日臻成熟，正逐步成为会展设计中重要的信息传播技术之一。它使会展设计的展示空间不再局限于现实意义的展示空间，而是随着参观者的移动形成长尾式的沟通和传播模式，摆脱传统展示的局限性，并结合线上交互，打破时空限制，重新建构会展设计的呈现与沟通方式。

现代社会互联网的高速发展，人们的需求也越来越旺盛，越来越多元化，而且会展行业就是个展示多元化产品的行业。同时现代社会又是个自媒体极其发达的社会，人们也越来越注重自我感受。抓住人们的感受就是赢得市场的砝码。而互联网+的发展使得会展策划者可以通过移动终端等对数量庞杂的信息进行整合和快速有效的分析，并利用VR物联网等交互手段将处理整合后的信息反馈给观众。基于移动互联网的会展设计因其以观众为本位的基因，连接线上线下，借力于已成熟的网络社交平台、网络购物平台，弥补了传统交互式会展设计中人际互动较为薄弱的缺陷，这种交互性极强的展示方式，可以增强视觉呈现的故事性和环境营造的真实性，以更好地与观众产生情感上的共鸣。同时，互联网+的发展使得这个社会中可以说时时都是展会，人人都是展会的参与者。人们可以足不出户的同时能够很好的感受展示品、并且能够比以前更加快速地购买到所需要的展示品，这样既能促进会展业的发展，也促进了物流业等行业的发展，同时也对互联网+能够有个很好的促进，造就新的经济增长点。

新颖的展示方式和互动参与方式可以引起观众的好奇心。在交互过程中能够增强观众的自信心与勾起他们的挑战性，多维度、多节点的特性，也在娱乐性和沟通性上为会展设计增色不少。

5 结语

虽然在移动互联网语境下的交互式会展设计有诸多优点，但仍处于摸索阶段，因为移动互联网的普及改变了人们的思维方式和沟通方式，也使信息传播架构产生了不可避免的变化。同样，难免会迫使会展设计中的信息展示和传播方式也随之而变。

笔者认为"互联网+会展"的终极目标应该是：智

慧会展。智慧会展是以互联网作为"基础设施"，运用目前以及未来的信息和通信技术手段，收集、分析、整合会展行业的各类信息，通过"互联网+"驱动，对包括策展、组展、场馆管理和运营、设计和工程、服务和运营，以及公共安全、环保、配套服务、相关活动等在内的全产业链上的各种资源做出智能配置，对各种需求做出智能响应。移动互联网的普及和数字技术的高速发展，将会展设计这一领域引领至虚实交互的时代洪流中，也让观众可以自由穿梭于现实与虚拟世界之中，从而使"移动互联网"成为人们生活中不可或缺的关键词之一。

参考文献

[1] 魏长增，傅兴 . 新媒体技术在展示信息传播设计上的研究与应用 [J]. 包装工程，2010（18）.

[2] 方凯，黄红球 . 浅谈体验背景下的会展设计中人与环境的"相融"实践 [J]. 科教文汇（中旬刊），2016（01）.

[3] 王博 . 互联网思维视域下会展业发展探析 [J]. 四川省干部函授学院学报，2015（03）.

[4] 郝容 . 互联网技术下的会展经济发展研究 [J]. 中国商贸，2015（01）.

[5] 沙克仲 . "会展互联网+"到底怎么加 [N]. 中国贸易报，2015（005）.

高校研究生学术沙龙模式的探索
——以广西艺术学院建筑艺术学院为例

广西艺术学院　陆　璐

摘　要：学术沙龙是研究生以自由讨论为主进行学习探索和思想交流的形式。如何合理的安排沙龙，激发学生的兴趣，对学生在交流中完成有关学习范畴外的视野拓展、技能交流和独立思辨精神激发有着重要的意义。本文以广西艺术学院建筑艺术学院为例，从研究生学术沙龙的安排入手，提倡拓展国际视野，探索提高交流能力和思辨精神的学术沙龙模式，对高校研究生教育有着重要的促进作用。

关键词：学术沙龙；高校；研究生；广西艺术学院

研究生教育不同于本科教育，采用的是导师制，即一个导师带领若干名学生，形成"师门"，完成为期三年的研究生学习。除了参与研究生课程和参与导师所负责项目的情况下，研究生离开课堂就投入项目或研究生的个人项目及各类实践活动中，不同导师和专业的学生很少有机会进行面对面的思想交流，而这样的模式在当前学科交叉的大环境下略显封闭。同时，也不利于当前研究生视野拓展、技能交流和思辨精神的发展，在高校研究生教育之中，可以设置相应的研究生学术沙龙，以弥补在研究生教育之中的交流和沟通不足问题，更有利于促进研究生的发展与教学。

1　学术沙龙对研究生培养的作用

1.1　学术沙龙有益于师生了解，促进因材施教

就目前高校的情况，一般导师每年带的研究生总数多则8人以上，部分两个方向招生的导师则带有十几名研究生，规模较大。导师除了正常教学，还需兼顾本科教学及学院、系部相关工作，想与研究生有更充分的交流却精力有限，不利于因材施教和教学进展。学生如果在学习中交流不够充分，容易对学习产生抵触情绪和不良情绪，不利于研究生的学习，以及独立思考精神和探索钻研精神的发展。而开展一定频率的学术沙龙活动，不仅可以在其中进行学业方面的答疑解惑，也可以成为导师和研究生平等交流的平台，学生可以在学术沙龙之中得到导师更多方面的

指导，浓厚的学术氛围，也可以排解一些学生的不良情绪，加深学生对导师的理解和了解，导师也可以在与学生交流的过程中不断学习，更好地掌握每个学生的特点，成为学生的良师益友。

1.2　学术沙龙有利于研究生提高专业水平，促进学科交叉发展

当前的大学教育，提倡不同地域、文化、学科之间的交叉和碰撞。广西艺术学院建筑艺术学院的研究生研究方向包括了西南民族传统建筑与现代环境艺术设计、会展艺术与建筑空间设计、环境艺术设计、风景建筑设计、城市景观艺术设计、室内设计、风景园林这几个方向。学院成功举办了两届"中国—东盟建筑艺术高峰论坛"活动，活动主题分别为"地域·无限"和"文化·交融"，充分的体现了学院在教育资源、跨学科发展等方面的探索。研究生在以上两届论坛及学生作品大赛之中获益良多，而学院内有关不同专业之间研究生交流的课余机会却略显不足。类似情况在高校也比较普遍，不同专业学生很少就一些学术、专业技能、交流和研究方面进行横向的探索、发展和比对，这与研究生教育培养综合性人才的发展方向相违背。而在学术沙龙上，不同专业的学生都可以就之前所阅读的书和研究的某一个主题进行相应的话题讨论与交流，在愉悦的气氛下进行的轻松辩论和探讨之中，学生们既可以促进知识的深入理解，也可以了解不同专业的学生之间看待问题

的视角，还可以促进友谊，可以说是一举多得。

同时，因为有了研究生学术沙龙这样的平台，不同的思想得以碰撞，不同的智慧在交流中迸发，学生也在其中吸收了不同的智慧，提炼出自己的信息之后，又可以很好地运用在自己的学习之中。在学术沙龙之中，研究生通过发言阐述，提高了表达能力和用多种方式诠释自己思想的能力。建筑艺术学院研究生在三年学习之中，都会经历多次答辩和汇报展览，这些设计类学科的作品，除了设计本身要过硬外，汇报能力和表达能力也非常重要，如果学生能够经常参加学术沙龙，他们的语言表达能力，演讲能力和专业阐述能力都会得到大大的提升。这些能力的提升又能够让导师更好地了解他们自己和他们的设计，进一步的有助于导师更精确地指导，这样的良性循环对学生今后的学习和工作都有着深远的促进作用。

2 广西艺术学院建筑艺术学院的研究生学术沙龙模式探索

开展研究生学术沙龙活动是在进行研究生培养中，提高研究生学习效率的重要环节，针对目前广西艺术学院建筑艺术学院发展，可以尝试从以下几个模式开展研究生学术沙龙：

2.1 校企合作沙龙

广西艺术学院建筑艺术学院有多个校企合作单位，如华蓝集团、广西建筑科学研究设计院、广西城乡规划设计院等，几乎涵盖了所有专业方向，每个方向的研究生应该都可以在相应的合作企业之中找到自己期望交流的机会。但目前存在的校企合作多以项目合作和讲座为主，以学术沙龙方式呈现的并不多见。每次讲座之后，许多同学都反应有"意犹未尽"之感，虽然在讲座之后都存在一定量的提问时间，但每次提问由于演讲者始终还未脱离"讲座"的模式，并未处于一种对等和自由发言之中，学生还有顾虑。而建筑艺术学院校企合作单位的相关专家，都是在领域颇有建树的专家，可以尝试以学术沙龙的形式，让专家与研究生们进行多层次的交流，提高学术沙龙的质量。或者，可以先尝试将学术沙龙放在一些讲座之后，并适当延长沙龙的时间。在此前，应有相应的主持方将本次所需要讨论参与的问题提前公布，共享沙龙所需要的资料，鼓励参加沙龙的研究生也针对沙龙之前的问题进行准备，才能做到在沙龙进行的过程中的高效率和学术氛围的融洽。而企业专家所能带来的，是不同于高校导师的不同见解，他们的侧重可能更多的会在社会效益、经济效益、企业效益方面，这样的沙龙模式也比较"接地气"，往往更有实践价值，这对将来研究生们走向社会有很大帮助。

2.2 国际交流沙龙

每年广西艺术学院有部分教师有海外留学经历或出国访学访问的经历。这些具有海外经历的老师和他们所带来的一些国外院校的教学方法、设计思路和经验，对于研究生的眼界开阔和前沿研究方向的引导有促进作用。可以针对目前设计行业存在的热点问题，将一些导师正在研究的项目所涉及的问题拿到学术沙龙之中讨论，每次邀请若干名有海外经历的教师，在主持人的引导下创建问题情境或是回答热点问题，不同专业的学生各抒己见，引发参与师生的讨论。同时，我院也有到国外学习长达一年的研究生，这些有国外学习经历的研究生也可以提出自己所见到的国内外优秀高校的经验。海外经历也能激发学生的新鲜感，拓宽学生的国际视野，在借鉴部分国内外优秀高校经验的同时，在沙龙之中，提倡批判性思维，鼓励学生多思考、勤创新，对现行的设计方法和观点提出异议。在这样的平等性原则下，师生、学生之间的讨论更为热烈，具有更广阔的国际视野，参加沙龙的研究生收获也就更多。

2.3 跨专业交流会和读书会

与不同专业的导师或研究生共同主办的交流会和读书会也是一种比较好的形式。比如，建筑艺术学院有7个研究生专业方向，相同方向的导师和研究生可以成为一个小组，轮流主持和制定交流会或读书会主题，并提前公布给其他方向的研究生共同参与收集资料，在正式的交流会上轮流发言和研讨。在时间安排上，可以举办7期，平均每半个月或一个月举办1期，每一期时间控制在2到3小时。交流的主题可以精心设置为跨学科、跨专业、多视角的主题。不同的研究视角，让研究生们能找到更多的研究切入点，往往会带来学术上新的进步，横向的学术交流能带来学术思维的火花四起。同时，在进行不同交流会和读书会的时候，一些比较有经验和学术威望的导师，需要尝试开阔学生思路，在关键时刻进行点拨，像主持人一样把握整体沙龙走向，以自己的经验和学识将学生引到更深层次的讨论之中。导师们应尽量避免读书会成为导师的"宣讲会"，或是出现"满堂灌"的单向输送现象，应留给学生有更多的发言空间、交流碰撞和思考。

3 学术沙龙研讨成果的呈现

在学术沙龙结束后，参与的研究生可以撰写发言提纲、发言报告或发言总结，更有利于在沙龙结束之后形成的有益思想的汇总，用文字将成果总结，既锻炼了学生的书面论文能力，训练其将不同观点撰写成学术成果，也提高了学生的总结能力和理解力，进一步地促进知识的拓展。伴随着学术沙龙产生的新观点而形成的学术成果，也可以有助于研究生和导师继续开展学术沙龙，这对研究生的学术潜能培养和激发，有着长期的促进性作用。但需要注意的是，学术沙龙的最主要目的是在学生的培养过程，不可本末倒置为，为了学术成果的撰写和发表来举办学术沙龙。

参考文献

[1] 张忠华 . 论提高研究生学术沙龙活动学习效率的策略 [J]. 学位与研究生教育，2009（1）：38-42.

[2] 李非 . 浅议研究生学术沙龙的意义 [J]. 黑龙江教育：高教研究与评估版，2008（3）：22-24.

[3] 罗尧成，朱永东 . 学术沙龙：一种研究生教育课程实施形式 [J]. 学位与研究生教育，2006（4）：50-53.

[4] 陈慧青 . 研究生教育质量问题探讨——潘懋元教授学术沙龙观点荟萃 [J]. 教育与考试，2007（1）：94-95.

[5] 翟长生，闫世强，林坚等 . 沙龙式学术交流组训模式的探索与实践 [J]. 空军预警学院学报，2010，24（5）：386-387.

[6] 殷小平 . 学术沙龙：精神之家与创新之源 [J]. 大学教育科学，2006，5（5）：106-109.

三大构成在建筑设计课程中的教学改革

广西艺术学院 甘 萍

摘 要：三大构成课程如何与建筑设计学科进行更加密切、直接的学科联系，主要探讨三大构成与建筑设计中的建筑表皮设计的关系，如何将建筑专业知识引入三大构成课程当中，既完成了三大构成课程的基本课程要求，同时也提高了此门课程对学生日后专业学习的帮助，并最终提高艺术院校里的建筑设计类学生的竞争力。
关键词：三大构成；建筑设计；建筑表皮；建筑色彩搭配；室内色彩

前言

三大构成课程是大部分设计、艺术院校的基础课程，分别包括为平面构成，色彩构成，立体构成。这三门课程相辅相成，互相推进。在这三门课程的学习中，学生从平面的二维认识，到色彩带给人的生理及心理感知，最后深化到三维空间的设计。这给了刚接触设计学科的学生们一段较好的循序渐进的过渡时间，更好地帮助他们从考前的认知过渡到了专业的学科学习。因此，该体系成了一个较为成熟稳定的前导课程。而建筑设计课程是一门以学习如何设计建筑为主，同时学习相关基础技术课程的学科。这两门课程之间如何衔接，相互作用，并发挥各自最大的作用，是本文讨论的主要问题。

1 三大构成课程的现存问题

经过多年来各大院校的教学实践和探索，三大构成作为一组连贯的设计基础课程，已经积累了丰富的教学经验，并且取得了优秀的教学效果。但是在整个教学过程中，也出现了一些问题。首先，随着时代的发展，社会对设计人才的需求的变化，决定着设计院校的课程应该相应的做出调整。三大课程的课程设置相对来说较为孤立，没有与其他课程，尤其是往后的专业学科学习发生联系，基础课程与专业课程之间缺乏持续性和联系性，不能形成一个有效的有承接效果的良性循环。很多学生在学习完这三门课程之后，并没有将在该课上学到的知识有效地运用到后续的专业学习上，导致了课程之间的断层，割裂。其次，三大构成的授课模式较为古板，授课内容较为单一。教师的授课方式以传统的"讲授式"、"填鸭式"的方式进行，而授

课内容主要为理论知识结合范例的传统内容。这样的方式缺乏新颖性，和学生们接受的考前训练及大一其他的基础课程很类似，长时间的同质化课程容易使学生感到枯燥，乏味，对学生的吸引力不够，无法调动起学生的积极性、主动性和创新性。最后，课程作业的设置限定性较多，作业的训练目的主要以培养手绘技能（平面构成、色彩构成）及小体量的模型搭建技能为主(立体构成)。在作业训练上，过度的追求手绘或手工的精细，无法与往后的专业课程里学生需要的专业技能联系起来，无法使该类课程无法起到"启后"的作用。因此，如何加强基础课程与专业课程之间的连续性，增加授课内容的多样性，及课程作业设置的创新性是该类课程教学改革的重点。

2 三大构成课程与建筑表皮设计课程的探讨

2.1 平面构成与建筑表皮设计课程的关系

平面构成是一门将元素（以点、线、面为主），按照一定的内在的或外在的规律原则重新进行排列组合，以呈现出某种美感的课程。这种美感很大程度上来源于形体与形体之间的节奏和韵律，以及决定这种节奏的规则。而建筑设计课程中，节奏与韵律的考虑也是建筑形式美的重要组成部分，其中尤其以建筑表皮设计最为突出。建筑表皮的设计是建筑设计中最直观最重要的设计内容之一，它既要符合建筑的功能，又要达到建筑形式上的美感。建筑表皮的设计也应该根据统一、对比、节奏、韵律、对称、均衡等形式美法则[1]。建筑表皮设计的过程就是通过对简单的形体，如圆形、三角形、矩形、菱形六边形等来进行排列组合，运用构成的美的秩序进行排列，最终形成既统一

又不乏变化的丰富立面组合。在这一点原则上，建筑表皮设计和平面构成的设计原则不谋而合。因此在建筑设计的表皮设计课程中，可以有效的将平面构成的知识储备转化为专业科学的学习。

2.2 平面构成课程的改革

课程的具体改进方法，主要体现在授课内容及课程作业的设置上，并通过这两者的改革来加强平面构成与建筑设计课程的专业联系。首先，在平面构成的授课内容里，适当的引入建筑设计的基本知识，尤其以经典的建筑案例介绍和分析为主。在学生们对什么是建筑，什么是优秀的建筑设计有一个初步的认识之后，再用平面构成的基本元素及基本形的关系：如点线面；平面构成的基本形式：如重复构成、渐变构成、特异构成、密集构成、发射构成等基本形式，去观察建筑表皮的序列及分析这种序列形成的原则。其中包括用点线面的基本知识去分析窗洞，分缝线，建筑体量的关系。用构成的方法去观察建筑表皮的序列及解析这种序列形成的原则。其中包括分析窗洞的大小、体量、排列、位置？建筑墙体与开窗的虚实，疏密关系，及这所有元素是如何形成一个具有美感的节奏和韵律。

在作业的布置上，在学生熟练的练习了平面构成的基本知识和原理之后，在后期的综合作业的设置上，加入与建筑表皮设计相关的作业。具体作业安排如下：学生利用不同的平面构成的基本形式去设计 4 个不同的建筑立面。其中建筑门窗的比例要和真实建筑一致。这个作业的训练既提前使学生感受了建筑的表皮设计，同时强调了平面构成知识在建筑表皮设计中的运用，为日后的专门的建筑表皮设计课程及建筑设计课程，都做了一个很好的知识铺垫，使得基础知识和专业知识有了一个有效连接。

2.3 色彩构成与建筑表皮设计课程的关系

色彩构成与建筑设计的关系是通过建筑表皮的色彩选择与色彩搭配体现的。色彩是环境设计中最能够产生效果的重要因素，色彩的使用随着不同的空间条件、不同的使用人群等条件的变化而进行着变化[2]。建筑表皮的色彩选择，大部分通过建筑的外墙涂料，不同材料的选用来实现。通过色彩构成中的散色式、对比色、暖色调、冷色调等不同的表达形式，来对建筑表皮进行表达。比如大面积的暖色调的运用，会给人以活力、热情，会调动起观众们兴奋、激动等情绪。适宜用在一些需要营造此类情绪的建筑空间，例如体育馆、音乐厅、展示建筑等。而冷色调的使用则会给人以平静、沉稳等心理暗示，如高科技的办公楼、医疗建筑等公共空间则宜选用冷色调。建筑场所本身的功能和性质决定了其主要的色彩倾向和选择，同时，建筑的使用者，及使用的心理感受也对色彩的选择起了重要作用。

色彩的搭配，是通过色彩的明度，色相，纯度，冷暖，

面积对比等配色原则来实现的。建筑表皮设计的色彩搭配同样遵循了这样的原则，并且通过了这些不同的搭配方案，实现了建筑设计的基本审美要求。

2.4 色彩构成课程的改革

基于以上两点分析，为了将建筑设计相关知识引入课程，做出了相关的课程及作业的改革。在色彩构成课程的授课过程中，将课程分成了四个部分：第一部分为色构概论及基本知识，学生了解色构的基础知识，掌握色彩的混合及调和原则；第二部分为色构的基本知识运用，通过作业的练习来巩固对基本原理的运用；第三部分：用色彩构成原理对建筑表皮进行色彩分析，作业则是根据不同功能的建筑，对建筑外表皮进行选色及色彩搭配，这一部分的安排目的是增加学生的建筑设计专业知识认知，掌握建筑表皮、涂料等的色彩搭配；第四部分：用色彩构成的基本知识对建筑空间进行分析，作业练习的部分则为对一个具体的建筑空间进行整体的配色，作业形式可以通过涂色，材料拼贴等自由的形式完成。通过这四个阶段的课堂讲解及作业练习，最终达到对色构基本知识的了解及运用，并且最后将对色彩的审美，搭配，以及如何将其运用在建筑设计里，有一个初步的认知及运用，使学生对色彩的认识由基本的理论知识转化为色彩在建筑设计专业中的基本运用。

2.5 立体构成与建筑表皮设计课程的关系

立体构成除了是一门对秩序、结构进行探索和研究的课程之外，还有很重要的一点是对材料的选择，考量使用何种材料去创造出不同的造型和美感。立体构成在建筑表皮中的使用，是通过选择和设计不同材料、肌理、体量来实现的。在多样化材料的选择可以充分体现立体构成作业的丰富性。不同材质所带来的视觉冲击和感受是立体构成课程考量的重要因素。而建筑表皮的丰富性则是通过建筑材料和其肌理来实现的。砖、石材、木材、金属、混凝土、玻璃等传统的材料，同时也有新颖的建筑材料，如 PC 板、薄膜、有机玻璃、透光树脂板等。这些不同的材料会给使用者带来完全不同的使用感受。在立体构成的课程上，我们通常可以采用小体量的材料，甚至用相似肌理的材料去模拟出与真实建筑材料的视觉，甚至触觉冲击，以此来对建筑表皮进行最简单的讨论。除此之外，还可以使用立体构成的基本原则去对建筑表皮体量进行选择，如可以通过快体式、折面式、动态式等构成类型来实现建筑表皮造型的丰富性。

2.6 立体构成课程的改革

首先，在立体构成课程授课过程中，我们需要引入建筑表皮材料的基本知识，让学生初步对材料有了初步的认识。不同的建筑材料会给人带来不同的视觉和心理感受，比如木制材料较为温暖、具有亲和力，各类金属材料可以带来高科技的未来感，玻璃材质可以创造出通透轻盈明亮

的空间，石材，混凝土带来的厚重感等。这些建筑材料的认识，对学生选择何种材料来完成作业有直接的帮助。再次，在立体构成的作业设置中，除了完成立体构成关于2.5 维，3 维空间的各种模型搭建之后，我们运用立体构成的基本理论作为设计建筑表皮的基本设计原则，完成一个简单的建筑表皮作业。作业的具体要求如下：完成 4 个 20×20×20 的立方体，并用立体构成的基本原则来进行建筑的表皮设计。其中可以通过不同材料的拼贴以营造不同的建筑肌理，也可以通过建筑的部件，如窗户或外露式结构的体量设计来对建筑表皮进行设计。

3 结语

三大构成作为一个完整的基础设计课程，它很好地起了一个帮助学生从对设计无意识的状态进入到一个认识的状态。在这个课程改革中，想要探讨的是，是否可以从这种基础的学科里面，探索到更多的可能性。通过一个基础学科与专业学科的结合，帮助学生建立起一个连续的学习思维，架构起一个系统性的学习框架，引导他们认识到基础学科不仅只是一个过渡性的知识，而是可以贯穿到专业学习中的。除了建筑设计这个学科和三大构成课程是有着学科关联的，其他的设计学科也一样。三大构成不应该仅仅起到基础课程的铺垫作用，而是应该发挥更为重要的承前启后的引导及统合的作用。

参考文献

[1] 江寿国，胡红霞 . 建筑表皮设计 [M]. 北京：人民邮电出版社，2013.

[2] 江波，金昌浩 . 色彩构成 [M] 南宁：广西美术出版社，2016.

建筑艺术设计实验教学体系的构建

广西艺术学院　涂浩飞

摘　要：建筑艺术设计实验教学是建筑艺术设计人才培养的重要组成部分，目的是使建筑设计专业的大学生通过具体的实验操作与测试完善设计方案。本文从建筑艺术设计专业特点出发，提出通过加强实验室建设、改进实验教学方法、改善实验教学成果管控等方式构建建筑艺术设计实验教学体系，以期能更好地提高实验教学质量和人才培养质量。

关键词：建筑艺术设计；实验教学；实验室建设与管理

1　实验教学的地位与特点

实验教学是高等教育体系的重要一环，集实践性与综合性于一体，能够充分调动与开发大学生的自主探究意识，培养大学生的创造能力。建筑艺术设计实验教学遵循先行理论讲授再到实验操作的教学规律，力求达到实验条件、实验技术与创造性设计思维的有效结合，产出的实验成果可分为包含实验参数的实验报告或设计作品。充分提高实验教学质量，是提高建筑艺术设计人才培养质量的保证。

2　建筑艺术设计实验教学体系的构建

2.1　实验室建设与管理

建筑艺术设计的目的在于为人们提供更为舒适、实用，具有一定美学情趣的建筑环境空间，要求设计师具有推陈出新的设计思维、科学合理的空间逻辑把握能力及对建造技艺、建造材料艺术化运用的能力，因而建筑艺术设计是一项综合能力的考核。在当下高等院校的办学体系中，建筑艺术设计专业实验室的建设与运用能为建筑艺术设计人才培养助力。以广西艺术学院建筑艺术学院为例，2016年成立了校级实验教学中心——"建筑艺术实验教学中心"，下辖建筑模型实验室、会展结构工程实验室、室内构造实验室、智能照明与色彩实验室、媒体制作与印刷实验室、植物标本实验室、空间热环境实验室、空间声环境实验室、数字模型（BIM）实验室等，初步形成了专业性较强的教学实验室群。

其中，建筑模型实验室是开展建筑与规划模型设计制作、三维模型制作与打印、板材切割加工、精细雕刻的实验场所；会展结构工程实验室是开展标准展位设计与搭建

工程、VR虚拟现实设计体验、展位模型摄影等实验的场所；室内构造实验室通过室内构造大样的展示，让学生了解室内设计项目中材料的种类、特性、品牌、价格和运用方法，理解不同材料的特点、工艺、构造与组合等要求；智能照明与色彩实验室通过照明仪器及灯具的直观展示，让学生了解灯具的设计表现及电路、材料组成，理解不同发光光源的灯具构造和功率、照度、品牌等要求，并对照度的要求进行配比及测量，进行不同室内灯光的模拟配置；植物标本实验室以展示亚热带、特别是我国华南地区常见园林绿化造景植物标本为主，着重南宁本地常用园林植物的辨识，让学生掌握各类园林植物配置设计实例，掌握实验课程与实验项目中标本制作、标本认知、模拟造景的方式；媒体制作与印刷实验室主要为校内师生、校企联合基地实践导师提供设计表现实训操作场地及平台，提供设计成果的前期输入和后期输出；空间热环境实验室主要开展建筑热学方向的实验，包括建筑间距、建筑表皮温度测试、室内外辐射温度测试、自然采光模拟、室内热舒适测试等实验；空间声环境实验室主要开展空间声学实验，包括环境噪声测试与控制、空间声环境测量与分析等实验；数字化模型（BIM）实验室主要通过数字化模型（BIM）技术的实验，用数字化仿真模拟建筑物所具有的真实信息，为建筑设计方案、建筑施工图的形成提供现代数字模拟的手段，有力地促进建筑设计方案的优化。

为进一步提升实验教学条件，加强建筑艺术设计专业实验室群的建设力度，笔者认为，建筑艺术设计专业的教学实验室可考虑增设以下实验室以提升教学水平：①建筑

材料实验室。当下，新型建筑材料的发展日新月异，建筑材料的应用与表现是建筑学领域的一个重要课题，在艺术院校中设立提供材料展示与应用、材料性能试验与检测的建筑材料实验室，能够让设计学专业的大学生更好地了解新型建筑材料的性能与特性，更好地为建筑设计方案选取合适的材料，从而增强建筑设计作品的艺术表现性。②建筑环境实验室。该实验室应以建筑及周边场地环境问题为导向，以场地、建筑群落、建筑单体为三个实验研究层次，开展建筑方案与周边场地的综合生态关系实验研究，力求得出符合环境生态发展规律与生态人居诉求的建筑设计方案，将建筑与人类的活动对自然环境的影响降到最低，从而实现人居建筑环境的可持续发展，主要实验方法包括场地生态评估实验、建筑环境监测、评估与改良实验等。③建筑技术实验室。建筑艺术设计专业的大学生作为艺术类学科的一个分支，课程结构以艺术设计类的创造性课程为主，对建筑技术知识的涉略较少，建筑技术实验室的建立应以支持开展基础性建筑技术实验、绿色建筑技术实验为主，为建筑艺术设计专业的大学生提供构建建筑技术知识的平台，以期达到以建筑技术知识为支撑，以建筑艺术为创作目的的人才培养效果。

2.2 实验教学方法的改进

高等学校实验室按其功能定位一般可分为教学实验室和科研实验室。艺术院校的专业实验室以教学实验室最为普遍，其中多以早期的工艺美术"工作坊"演化而来，在教学方式上带有浓厚的"师徒制"缩影。"师徒制"的实验教学方式适用于小规模实验授课，能够使学生把老师所传授的一招一式都深入细化学习，教学时段较长，是一种"精英式"的实验教学方式，在工艺美术教育的发展史上取得了成功。如今，在国家加强人才培养、高等学校扩招的大背景下，高等教育已完成了从"精英教育"到"大众教育"的转变，就艺术设计学科而言，"师徒制工作坊"式的实验教学面临着实验室建设滞后、实验室接待承载量不足、实验教学课时被理论教学课时过多占用等问题，造成一段时期内大学生开展设计实验意识薄弱、实验技能欠缺等问题，也导致了其设计水平的进一步下降。为提高建筑艺术设计人才培养质量，在实验教学环节除加大实验室建设力度之外，还应从以下几方面改进实验教学方式：①积极倡导发挥教师的创造性设计思维教学能力，从而启迪大学生的设计创新意识，以开展创造性的设计实验为翘板，鼓励创作设计思路新颖的建筑设计作品，避免开展重复性、机械性的低水平设计实验。②积极倡导实验教学与理论教学并重，以实验教学促进设计思维提升、促进设计方案完善。③充分注重学生实验过程总体评价，可要求学生撰写实验报告，通过实验报告完整阐述实验目的、实验方式、实验步骤、实验结果期望等，把实验过程的总体评价纳入课程考核范围，鼓励学生全方位、多角度地开展课程设计实验，避免实验结果评价标准的单一性。

2.3 实验教学成果的管控

科学实验的开展普遍充满不确定性。建筑艺术设计专业的实验是技术与艺术的统一协作，又是建筑设计师跳跃新颖的设计思维与有限的实验手段相互矛盾制约的结果。对于以培养建筑艺术设计人才为首要任务的高等院校而言，不断总结自身教学经验从而加强实验教学成果管控是切实提高实验教学质量的有效路径，做法有三：①充分加强实验教学师资队伍建设，鼓励、引导实验教师提高以实验技术业务为主的综合素质，打造结构合理的实验教学人才梯队为实验教学的开展提供优良的师资保障。②优化实验课程开发，构建从基础实验到高级实验完整的实验课程体系，遵循由简入繁、由易到难、由单一到综合的实验教学规律，让学生掌握全链条的建筑艺术设计实验方法，逐步建立实验自信与实验自觉。③鼓励各专业实验室通力合作，发挥各自专长助力学生开展综合性实验，以期得到较为综合全面的成果。④通过实验报告充分预估实验结果，对不合理、不理想的实验部分及时给予修正意见。通过以上做法，力求避免实验努力付诸东流。

3 结语

建筑艺术设计实验教学体系是艺术类高等院校建筑设计专业建设薄弱的一个方面，通过科学完备的实验室建设配置、以问题为导向改进实验教学方法、加强预见性的实验教学成果管控，从硬件与软件两方面构建实验教学体系，可以促进建筑艺术设计实验教学体系的良性发展。

参考文献

[1] 张杰.实验教学与艺术教育——四川美术学院实验室建设与实验教学的思考 [J].实验室研究与探索，2011.（1）.

[2] 朱东高.艺术院校实验教学示范中心构建模式研究 [J].实验技术与管理，2017.（4）.

[3] 王娜.艺术类高校实验教学改革的探讨 [N].山东农业工程学院学报，2016.（2）.

景观设计专业（方向）建筑模型制作课程教学改革探索

广西艺术学院　林雪琼

摘　要：本文总结了《建筑模型制作》课程教学中出现的问题以及提出教学改革方法研究思路。运用改革的教学方法培养学生对该课程学习的主动性和积极性，引导学生对于建筑设计的探索与思考，深化建筑内涵，同时加强与专业课程的联系，为后续的专业设计课程打下坚实的基础。

关键词：建筑模型；教学改革；景观设计

《建筑模型制作》课程是本校景观设计专业（方向）在大二下学期设置的专业基础课程。该专业的学生在大一时期安排《设计素描》、《建筑速写》、《三大构成》、《现代设计史》等基础课程的学习；在大二上学期安排《景观设计原理与人体工程学》、《地景实测与制图》、《计算机辅助》、《建筑装饰材料与构造》、《手绘效果图》等专业基础课程，所以在学习《建筑模型制作》课程时需要具有一定的艺术审美能力和专业基础知识，为模型课程的开展做有效的准备。

1　建筑模型制作及其课程的重要性

建筑模型是将结构设计、室内设计、建筑设计与地形设计等设计理念结合并付诸实践产生的实物，它可以完美地展现设计作品，并真实地引导观赏者去理解建筑师的设计思维，是建筑师用来展示自己设计作品的最直观手段。然而，《建筑模型制作》这一门课程是培养学生空间认知能力、艺术审美能力以及创新能力等综合能力的专业实践课程。

2　传统教学设置与其弊端

现在的模型课大多采用理论和实践相结合教学，每周20课时，共4周（80课时），一般先由任课教师介绍建筑模型历史发展以及作用、建筑模型的分类、建筑模型制作材料和工具以及制作流程等，分析优秀案例，之后布置课程作业让学生进行建筑模型制作，最后，课程结束前进行作业点评以及课程打分。这种教学是相对陈旧并具有一定教学效果的方式，但是容易产生一些弊端。

（1）给学生自由发挥的同时，容易造成学生目的性不明确，被动式学习。

（2）学生学习的"主体性"不够明显，需要引导学生积极思考，从而营造积极的学习氛围。

（3）师生交流学习的机会减弱，缺乏对学生在课程过程中创新思维的培养与鼓励。同时容易滋长部分学生的惰性，容易对课程学习"偷工减料"。

（4）《建筑模型制作》课程缺乏景观设计专业知识的渗透。

（5）打分的形式过于注重结果，缺乏对课程知识探索过程的关注。

3　教学改革探索

笔者认为《建筑模型制作》课程是以理论为基础、实践为主的课程，课程的目的是帮助学生在实践中解决问题和获得知识，并引导学生掌握探索学习的方法。以下是笔者对于《建筑模型制作》课程教学改革的探索。

3.1　完善教学内容与丰富教学方式

教学内容分为三大部分，第一部分为课程介绍（4课时），运用PPT等电子设备让学生了解建筑模型是什么与本专业有何联系，以及所需要的材料和工具，同时介绍相关的优秀案例以及视频，让学生更加生动地了解课程内容。

教学内容的第二部分为著名建筑的模型制作（36课时），选择国内外著名建筑为模型制作的目标，进行本课程的第一个作业，如勒·柯布西耶的萨伏伊别墅、弗兰克·劳埃德·赖特的流水别墅、密斯·凡·德·罗的巴萨罗纳博览会德国馆、安藤忠雄教堂三部曲、贝聿铭的伊斯兰艺术博物馆等。要求单人一组，作业选题、制作模型的材料、制作比例等须通过 PPT 讲解的形式让任课教师同意方可进行制作。同时要求学生收集或者绘制所需要的建筑物的平面以及各立面图，模型制作结构形态结构准确，手工精细，材料运用合理，整体效果统一，比例准确。这部分的课程设置主要是培养学生个体学习思考以及动手能力。PPT 形式的汇报讲解不仅可以锻炼学生的自我表达能力，在台上讲解的同时也是与班级其他同学和任课教师交流分享的过程。学生在要求内自由选题，激发学生自主学习的能力和兴趣，通过对一个优秀建筑作品的学习并制作出微缩模型的过程中，可以研究建筑结构、空间组合关系、建筑材料、光影效果等知识。在制作过程中遇到问题及时与任课教师沟通，在解决问题的同时增加师生互动，营造欢快积极的学习氛围。

第二部分课程作业的制作选择在专业教室，而不是去有专业模型设备的模型实验室。因为学生刚接触建筑模型制作，需要由易到难的过程，了解不同材料的特性，选择制作模型材料时，应考虑容易切割的模型制作材料；在制作模型时，考虑模型制作的结构、顺序、尺寸比例等问题，为第三部分的课程内容奠定实践基础。

教学内容的第三部为著名的园林景观模型制作（40 课时），选择国内外著名园林景观作品作为模型制作选题，也可选择自行设计或改造的方案作为模型制作的选题。要求四个人一组，作业选题、制作模型的材料、制作比例等须通过 PPT 讲解的形式让任课教师同意方可进行制作。同时要求学生用 CAD 绘制所需要的平面以及各立面图，模型制作结构形态结构准确，手工精细，材料运用合理，整体效果统一，比例准确。本部分的内容与景观专业课程紧密衔接，让学生在制作模型的过程中重视景观四大要素——地形、水体、植物、建筑之间的关系。四个人一组是培养学生之间的相互配合与协调的能力，懂得团队协作的重要性。在模型制作的过程中任课教师会定时分析一些优秀园林景观作品的案例，分享课程相关的视频，以及模型制作过程的实用小技巧，帮助学生在制作模型中解决问题，完善美化模型作品，让学生在模型制作中领会学习与沟通技巧。

第三部分课程作业的制作选择在模型实验室制作，实验室配备广告雕刻机、激光雕刻机、3D 打印机等专业的模型制作器材。需要学生选择模型制作材料时，根据机器的操作特性而选择，同时安排 4 课时的时间教会同学操作模型实验室相关设备仪器。让学生进一步增强动手能力，制作出精致的模型。

3.2 增加多元化的教学成果评价

（1）注重教学过程评价

以往教学打分只注重模型的最终效果，而对模型的制作过程和学生课程成长过程不重视，容易造成学生急功近利，不能脚踏实地的进行思维创新能力的培养。针对这种情况，要求学生对模型制作过程进行拍照记录，同时把模型制作过程绘制的手绘草图、与任课老师交流的笔记等资料一并制作成 PPT，与前期选题制作的 PPT 结合，整理成最终课程汇报 PPT 展示。这样可以完整展示学生制作模型的过程和学习该课程的历程，任课教师最终对于课程作业的评价会更加客观。

（2）增加校内多元化评价

在课程结束时，由班级为单位统一向学校申请场地举办《建筑模型制作》课程公开展览，可以建议与同时期上这门课程的其他班级一起办展，增加不同专业学生之间的相互学习机会。制定同学之间和小组之间相互评分的机制，培养学生对于他人的欣赏与思考，将打分机制变得更加人性化和合理化。同时将举办课程展示的这一行动形成惯例，刺激下一届学生对于该课程的学习积极性与互动性。

（3）增加校外多元化评价

教师评价、小组评价和学生评价能增加教学评价的多元化，但还是具有一定的局限性。对此，应该鼓励学生多多参与相关专业的比赛，也可以将自己的作品发表于社交网络，让更多的人参与欣赏和评论，进一步激励学生学习的积极性和自信心。

4 结语

教学有法但无定法，《建筑模型制作》课程的教学应该跟随课程和时代的发展而调整和改革。遇到问题应该直面问题，具体问题具体分析，从而进行改革和创新，才能取得真正的突破。在教学过程中，任课教师也应该真切地做到教学相长，不断提高自己的专业技能和素养，注重培养学生的自主学习能力的创新意识，为培养学生优秀的设计能力和职业素养奠定坚实的基础。

参考文献

[1] 崔巍，华颖．关于《景观模型制作》课程教学探讨 [N]．赤峰学院学报（自然科学版），2012．

[2] 刘骜，冯静，丁蔓琪．模型启发设计思考——对高校建筑模型课程教学改革实践的思考 [J]．建筑教育，2012．

[3] 王晓光，戚飞．模型制作课程教学改革与学术创新能力培养 [J]．艺术，2016．

[4] 高长征．模型制作课程教学模式改革探讨 [N]．华北水利水电大学学报（社会科学版），2012．

[5] 莫敷建，陈菲菲．建筑模型设计与制作 [M]．南宁：广西美术出版社，2014．

建筑艺术设计类专业实践创新人才培养模式改革探析

广西艺术学院　叶雅欣　韦自力

资助项目：2015年广西高等教育本科教学改革工程项目《建筑艺术设计类专业实践型创新人才培养模式改革研究》，项目编号：2015JGA295。

摘　要：人才培养是我国高校的根本任务之一，在人才培养体系中教学质量的高低是衡量高校办学水平的重要标准。目前，我国多数高校相继开设了建筑艺术设计类专业，但由于各高校对实践创新人才本质的研究与认识的不到位以及办学定位、办学条件等不同，多数高校在教学上仍然使用传统的教学模式，导致专业特色不突出，人才培养质量不高。构建良好的人才培养体系是提高人才培养质量的根本途径，也是高校生存和发展的保障。实践创新人才培养体系的建设是建筑艺术设计类专业人才培养体系的改革关键，其中包括科学的人才培养目标和专业的实践性、创新性教学模式。

关键词：实践；创新；人才培养；改革

1　建筑艺术设计类专业人才培养现状及存在问题

1.1　建筑艺术设计类专业人才培养现状

我国的建筑艺术设计类专业于 20 世纪 80 年代中后期兴起，几十年间，我国多数高校逐渐建立起一套完整的人才培养体系，也为社会培养了成千上万的毕业生，他们为我国建筑设计产业作出了重要的贡献。随着中国市场经济的发展，艺术设计教育迎来了发展契机，我国各类高校纷纷开设了建筑艺术类设计专业。当设计产业结构随着地方经济的发展在不断地调整与优化时，市场的需求也发生了变化，不再满足于单一型人才的需求。反观高校教育，建筑艺术设计专业还沿袭着八九十年代的人才培养模式，人才培养目标定位不准确，课程结构不合理，学生缺乏创新精神与实践能力。建筑艺术类设计教育的最终目的是培养出符合社会需求的既有实践能力又有创新精神的高素质复合型人才。因此，急需深化改革人才培养模式，促进建筑艺术设计类人才进一步适应经济发展的新需求，为区域经济服务。

1.2　建筑艺术设计类专业人才培养存在的问题

首先，人才培养目标忽视市场需求。近年来，建筑艺术设计类专业在我国高校如雨后春笋般迅猛发展，归其原因为该专业人才市场需求量大，就业形势相对较好。建筑艺术设计类专业包括景观设计、室内设计、家具设计、建筑环境设计、会展策划与设计等，各专业之间交叉性强，是一个跨学科的综合性体系，各学科之间交叉性强，市场对设计师的要求颇高，需要的是全方位人才，既需要具备一定的专业理论知识，又需要具备较强的创新能力；既熟悉实际项目操作技能，又懂得管理应用的专业设计人才。在企业对毕业生进行考察时，设计能力只是其一，还要考察材料、工艺、预算、施工经验等。在这样的市场背景下，多数高校在制定人才培养目标时缺乏对市场需求的分析以及对该专业的理论研究，导致办学定位不清晰，人才培养目标不符合市场需求。在课程的设置上，理论课程的课时量远远多于实践课程，导致学生缺乏实践操作经验；在教学内容上，没有跟上当今社会的发展，知识点过于陈旧；在教学方法上，过于单一，应强调多种方法交叉使用，鼓励学生的自主学习与探索。

其次，课程体系与教学模式缺乏实践性与创新性。建筑艺术设计类专业具有学术性、实践性和综合性等特点，注重理论知识、工程素质、实践能力与创新能力，注重技术与艺术的结合。因此，培养学生的实践能力与创新性思维能力尤为重要。当前，多数高校的建筑艺术设计类专业仍为"基础课＋专业基础课＋专业课"这样的传统"三模块"教学模式。不应否定的是在过去的教学活动当中，这样的教学模式和体系为人才培养起到了积极的作用。然而，今天的艺术设计教育，对设计内涵的理解更为透彻，对设计人才的理解更为深刻，市场对设计人才的要求也更高了，也因此对艺术设计教育提出了更高的要求。在现有的教学模式下，训练学生创新思维以及实践操作能力的课程较少，学生无法掌握完整的知识结构体系。在学生的课程作业中常出现以下两大问题：一是效果图占很大比重，学生把大量的时间花在了制作画面效果上，却忽视了创新设计思维的表达；二是施工图表达不准确，对施工工艺以及材料了解不够。

再次，人才培养质量不高，制度建设推进缓慢。建筑艺术设计类专业人才培养目标是"培养出具有较全面的建筑内外空间环境设计理论知识、具备较强的实践能力、创新能力以及具有国际性视野的高素质综合型专业人才"。普遍看来，现阶段建筑艺术设计类人才培养教育理念相对滞后，创新能力和实践能力薄弱，无法满足综合型人才培养需要。在制度建设的推进上也非常缓慢，以学分制为例。学分制始于19世纪末，学分制的实行是为了增加学生学习的主动性，为学生提供更多的选择机会。目前，中国高校也已经全面推行学分制，但普遍来看，我国高校虽然建立了学分制，却没有实行学分制的条件。首先，学校的生师比较大，没有足够的教师任课；其次，选修课开设的覆盖面窄，难以满足学生的需求。在选课系统、授课形式、管理方式等方面也急需改进。

2 人才培养模式的改革方案与对策

2.1 制定以市场为导向的人才培养目标

目前，在我国的高校教学改革中，以市场为导向制定人才培养目标，已经被普遍认可，我们应在此基础上，对面向本专业的用人岗位进行深入分析，围绕市场需求，抓准行业特点。研究分析相关职业领域中的岗位类型、特点、工作职责、工作流程、所需知识等。参照相关职业标准，聘请相关企业行业的专家来参与方案的制定与课程的设置。

人才目标实施的关键在于课程体系的建立，建立科学的课程体系要在符合高校教育基本规律的前提下，立足于市场需求，将教学模块进行有效配置于组合，以岗位工作流程和岗位能力分析为基础，指定出具既有创新性、实践性又有开放性的课程体系。一方面加强艺术理论课程，为学生的创新思维打下理论基础；另一方面增加材料与工艺、市场营销、工程概预算等相关知识。这样，学生在校时就能接触到设计、施工、管理、决策等不同岗位的知识，为以后的工作打下良好的基础。

2.2 依据人才培养目标制定以实践课为主导的课程体系

第一，实行工作室制的实践教学模式。世界上第一所专业的现代设计院校——包豪斯学院，秉承着"知识与技术并重，理论与实践同步"的教育理念，倡导"理论教学"与"工作室教学"并重的教学模式。国外很多院校都采用这样的模式，并取得了较好的效果，对于这样的教学模式我国高校还在探索之中。对于公共课教室的分配，可以逐渐减少班级的设立，以公共教室来取代原来的班级，各个专业的同学可以在公共教室上基础课，这样就可以加强各个专业与学科同学之间的交流。另外，根据专业来建工作室，工作室就是上专业课的教室。由一名资深教授带领多名教师共同授课，教师可以在工作室内进行教学、办公以及科研工作；根据工作能力或入学年限给学生"定级"。以室内设计专业的工作室为例，可以将低年级的学生定位为"助理室内设计师"，对于这类学生的要求是理解任务书，能够进行现场勘察与测量，掌握设计的初步表现方法以及文本的制作；高年级的同学可以定位为"室内设计师"，要求学生能够进行项目的可行性分析；现场的勘察与测绘，独立构思设计方案，效果图制作以及与各"部门"之间的沟通与协调等综合表现；还可以根据学生的兴趣，进行岗位的延展，设立"专项设计师"岗位，如效果图设计师、施工图设计师、软装设计师、家具设计师等，到了该阶段就要进入更深层次的学习，对水电、建筑结构、灯光、陈设等方面都有较深的了解。这样的工作室教学模式，是对传统教学模式的继承和发展，摆脱了传统的"填鸭式"教学，提高学生自主学习的能力，师生之间有了良好的互动，灵活且多样的教学形式可以营造出富有创造力的学习氛围，也更具有针对性与实践性。

第二，实行项目引导式的实践教学模式。随着我国高校教学、科研水平的不断提高，教学模式也变得更灵活多样，科研工作是提升教师本身素质的重要组成部分，也是教学工作的基础。"理论结合实践"的教学理念一直是我们所倡导的，教师可以将科研项目作为载体，将其作为实践教学的资源与提升教学质量的动力，依托于校内外的人才培养实践基地，将项目与课题引入课堂的教学，强化学生对实际项目的认知从而改变纸上谈兵、天马行空的状况。这样的教学有助于引导学生建立正确科学的设计观念，从而建立起"发现问题、分析问题、解决问题"这一设计过程。

广西艺术学院处于广西壮族自治区的首府——南宁市，这里是中国—东盟博览会的长久举办地。广西艺术学院建筑艺术学院立足于中国—东盟区域中心的地缘优势，依托于我院举办的"中国—东盟建筑设计教育高峰论坛"，开展关于中国—东盟环境下的地域性建筑设计教育的研究项目，充分挖掘东盟地区和西南建筑艺术的内涵和联系，通过学术交流论坛、教育论坛、教育成果竞赛和教学成果展的立体综合模式，打造东盟区域文化品牌，开设了具有鲜明地域性特色的建筑设计专业课程，尤其是在毕业设计课程中，鼓励学生发掘广西的地域文化特点，培养学生的原创精神与实践能力，建设专业特色，扩大影响力。

第三，通过校企深度合作建立校外实践基地。让学生拥有解决实际问题的能力是建筑艺术设计教育的最终目的。高校可以通过校企深度合作的形式对教学做进一步的改革，构建科学的课程体系。首先，邀请校外企业专家来参与学校的人才培养方案、课程教学大纲与教材的制定；其次，建立长期且稳定的校外实践基地，构建校企合作的教学模式。根据建筑艺术设计类专业的特点以及广西艺术学院所处的区域特点选择具有一定实力的单位作为校外实践基地，为学生提供实习的基地，使学生有机会将理论知识运用到设计实践当中，以培养真正的复合型人才。

2.3 培养学生创新能力，实行开放式教学模式

第一，鼓励师生参加各类竞赛，以专业竞赛为载体实行开放性教学模式。培养学生创新思维是培养创新型人才的基本条件，在开放式教学的过程中，加大学生创新思维的训练课程比重。通过将课程内容设计成不同的课题，并与大学生创新创业训练计划、专业竞赛这样的实践活动有机结合，引导学生改变被动学习的方式，强化自主探索的意识，形成激励机制，推动良好学风的建设。

首先，建立完善的竞赛活动管理机制，学院将各类相关竞赛进行级别的分类与备案，以年级或专业为单位提前做好组织与动员的准备工作；针对较为重大的比赛建立专门的竞赛指导委员会，教师根据专业进行分组指导，最终以学校为单位将作品进行统一报送。其次，将专业竞赛与课程相结合，将课堂所学理论知识转化为成果，课程最终作业可以作为参赛作品。再次，建立适度的奖励机制。在学生方面，对于获奖的学生给予增加学分的奖励，或将竞赛获奖作为评优的加分项；在指导老师方面，学校可设立专门的科研成果奖金，对指导老师给予物质奖励，也可以进行表彰等方式的奖励，以调动师生参赛的积极性。

第二，建设"双导师"制师资队伍。要实现实践创新型人才培养目标，应强大师资队伍的建设，优化师资结构，构建专职教师与兼职教师相结合的教师队伍。

首先，加强专职教师的能力培养，学校应多为教师提供学习教育的机会，教师自身也应多熟悉本专业的发展动态，通过学习新知识更新教学方法。有计划地安排教师到企业中进行实践，发展高校产业园，低门槛吸收相关行业企业，安排教师组为企业提供技术指导、人员培训，企业为教师提供科研、实践平台，形成优势互补的产学研一体化高校园区。

其次，建立稳定的兼职教师库，聘请相关专业业务能力强、实践经验丰富的设计师来校任教。对于一些实践性较强的核心课程，在教学中采用专兼搭配的创新模式进行授课。在理论课程部分，可以是专职教师来授课；在实践课程部分，则请校外知名的专家、企业的设计师来授课，或者直接带学生进入企业学习。这样的方式结合了校内外老师的优势共同指导学生，也促进了校内的教师和校外兼职教师在教学实践中的交流，使双方相互学习，取长补短。

3 结语

建筑艺术设计类专业的人才培养因受到艺术设计专业自身特点、人才培养目标以及社会对人才的需求等因素的影响，决定了建筑艺术设计类教育急需构建一套完善的实践创新人才培养体系，实行人才培养模式的改革，这对培养实践创新人才以及艺术类高校的生存和发展都具有深远的意义。

参考文献

[1] 伍国正，隆万容，黄靖淇，汪结明．建筑艺术设计类专业创新型人才培养模式构建 [J]．当代教育理论与实践，2013（3）：132-134．

[2] 唐丽娜，丁鹏．建筑类背景下的艺术设计专业人才培养模式研究——以沈阳城市建设学院艺术设计专业为例 [J]．美术大观，2014（3）．

[3] 胡飞，万惠玲．浅析地方性高校艺术设计专业创新型和应用型人才培养策略 [J]．湖北经济学院学报（人文社会科学版），2013（12）．

[4] 张旗．高校艺术设计类专业双师型教师培养路径探讨．高校艺术设计类专业双师型教师培养路径探讨．"促进教师教学发展，推动创新人才培养"高峰论坛，2011（9）．

建筑通过对基地"场域性"的回应实现与城市环境的相互转化与融合

清华大学 陈洛奇

摘 要：传统城市规划中建筑所营造出的内外空间场所与城市环境的关系往往处于一种相互割裂的状态，城市肌理更多的只是提供给建筑所必需的交通枢纽以及安身之所。本文通过研究三种有效的处理二者关系的方法，提出了建筑对其所在城市区块的"场域性"回应是不容忽视的，"场域性"这一概念更强调从全局来看待建筑与建筑以及建筑与城市之间的融合共生关系，而不是将建筑作为独立的个体因素对待。文章剖析了建筑在与"场域"内多元化"能量"（人流、物质流、信息流等）的共同作用下所生成的内外空间场所是如何与周边城市环境产生有效融合的，这种融合以对城市性的延伸、增强和修复的方式来展现。通过对场地"能量"的挖掘与捕捉以及与这些元素的交互，建筑创造的空间场所不再与周边城市环境孤立，而是通过模糊彼此的界限，实现相互间逐渐的渗透和转化.

关键词："场域性"；内部空间城市性；景观化的建筑；场地"能量"

"场域性"这一概念强调从更加全局的角度来看待一切物质空间中的设计要素，合理发掘它们之间的联动性，并使它们之间形成一种具有内在逻辑性以及连续性的存在形式。建筑可以通过整合这些设计要素来实现自身有机地融入"场域"过程。本文主要阐述了三种建筑在城市中转化和融合的方式，既可以通过创造出更多的城市"地面"来加强场地和建筑之间的渗透与对话从而实现城市空间序列的一种延伸和再组合；还可以以最简单、低调的外在表达形式来介入空间，以一种含蓄的方式来融入城市肌理，从而用一种谦逊的方式定义、增强场地的城市属性；亦或是通过对现有场地状况的补充和修复从而达到对场地"能量场"的一种再引导和利用。

1 城市复杂性在建筑内部空间的延伸与传递

现代主义城市中的建筑区块互相多为生硬割裂的面层，建筑仿佛独立于周边环境外而存在，建筑与建筑之间，建筑与街道、广场之间缺乏整体性的联系。为了解决这种遗留的顽疾，新的建筑内部空间可以立足于创造更多的二维平面层，通过一种平面几何学的方式对现有城市空间进行引导，比如通过掀起、剥离、压低面层的方式创造出更多的"地面"，使建筑与周边环境产生一种

更为开放式的、交互性的关联，并且有策略性地增加很多公共性层次。这些层次可以加强人从城市地面到建筑空间内新平面的自由移动，从而弥补传统城市规划中建筑内部空间与周边环境空间的断层，使建筑真正变为"场域"的一部分。比如以扎哈设计的21世纪国立艺术博物馆为例，设计试图将周边复杂的城市环境以一种有机的、连续渐变的方式逐渐转变为建筑空间内部的几何复杂性，这是通过一种将内外空间趋同化的手法来实现的。首先，巨大的带型天窗将足够的自然光引入室内，确保了由城市进入建筑空间的人群可以拥有流畅的体验，由于光线的不间断指引，使人时刻产生与外界相关的感受。不同于传统的竖向核心筒的流线模式，巨大的、多层次的黑色悬挂楼梯体现了一种垂直的重力自由的体系，这一开放体系使由室外进入室内的人流可以通过楼梯、走廊和天桥的叠加与连接进行水平与垂直方向的自由移动。这是一种对"自由平面"立体化处理的方式，通过创造足够多的"面层"来刺激内部共享空间生动的对话。最终，以城市环境作为起点，人群通过这些流畅的交通体系以垂直和横穿的方式进入到各个展示空间中，生动地完成了对穿行城市街道体验的模拟。巨大的博物馆内部格局

与功能也处于一种多元的融合状态，它可以作为艺术馆、图书馆、音乐厅甚至休息和社交场所，各个空间之间没有明确的隔断墙来区分，每一个区域都不是孤立的，人在流畅的移动过程中视线也同样可以贯穿整个连续的室内空间。这些分布在场地上的丰富空间职能与外部城市空间环境有着很大的相似性，比如开敞的休息空间可以类比为城市广场，你甚至可以看到人们无所顾忌地躺在地板上，仿佛他们就是置身在一片城市绿地中，享受着头顶的阳光。整个内部空间环境突出了一种城市性，模拟了城市由外奔涌向建筑内部、而建筑流入城市这一动态的过程（图1）。

图2　21世纪国立艺术博物馆（来源：伊万·巴恩）

图1　21世纪国立艺术博物馆（来源：伊万·巴恩）

从整体出发，整个建筑试图积极地融入场地，参数化主义的流动性与古罗马这座具有"静态"性的历史文化遗产城市形成了很好的呼应。在这个具有古老城市架构和文脉的城市中，优雅的曲线与新古典主义的均匀立面之间形成了互动，使这一有机体的出现并不显得突兀。建筑自身通过一种连续渐变的生长方式有机地契合到了城市肌理中，并提供了人群穿越城市场地的一种畅通、优雅的体验方式（图2）。

类似的理念也运用在辛辛那提的罗森塔尔美术馆中。但与21世纪国立艺术馆更强调水平移动的动态曲线造型不同，罗森塔尔美术馆整体上更像一座具有雕塑感的直角建筑，强调的是由城市面层逐渐渗透到建筑各层的垂直体系。虽然造型上与传统现代主义方方正正的建筑类似，但设计师在整个设计中试图加强这类建筑与城市空间的对话，打破固有现代主义建筑创造出的室内外空间壁垒。全通透的首层公共大厅将外部城市的肌理引入了室内环境中，使人们仿佛置身于一处半透明、半公共的城市广场中。整个首层平面融为了城市的一部分，成了一处重要的公共空间网络的节点。同时，首层混凝土地面以曲线的形式向上伸展，与外墙形成一体，仿佛将整个外部城市空间继续向上做牵引，与内部其他悬浮平面层进行着交换和转化。整座建筑内的展示空间被设计成尺度不等的立体悬浮方块，既满足了当代艺术展览中空间需求的多样性，同时由于各个体块间穿插、错落而丰富了内部空间体量。这些垂直体系的悬浮体块由自下而上的黑色楼梯贯穿，在视觉上形成了多个焦点，这些焦点间在视觉上的联系是连续的。整个建筑内部空间犹如多个美术馆嵌套在一个美术馆中，行走在垂直交通过渡体系的人群犹如置身城市的街道，他们可以清晰地感受到这些悬浮的、具有极强雕塑感的体块所具备的建筑内部空间的城市性，这种移动方式也同样实现了对城市街道的体验转化（图3）。两个案例分别通过对垂直和水平移动方向的解构，恢复了建筑内部空间被忽视的一些原则，唤起了建筑丢失的某些城市性。

2　景观化建筑形态对城市空间"场域性"的回应

"场域性"的观点最早源自景观都市主义的理论基础，该理论认为连续性景观形态的构筑是城市设计的重点，建筑则作为城市整体景观"场域"的组成部分出现，其在形式上更多体现的是水平方向的延伸而非垂直方向的延展，进而实现与城市充分的融合。不同于将城市性向

图 3　罗森塔尔当代艺术中心（来源：埃莱娜·比奈）

上引入建筑内部来实现其在城市中转化的手法，一部分公共性建筑会通过揭开"地面"的方式，使自身空间向地下去伸展，从而只将自身的第五立面——顶面作为城市肌理的一部分，整个建筑体量消隐于城市现有的空间网格内，只留下公共空间的顶立面作为与周边环境相结合的媒介，形成了一种景观化的建筑形式。有别于做加法的地上建造方式，向地下延伸的建筑完好地保留了城市原来的肌理，同时又将城市空间有意识地向地下延展，形成了一种与众不同的空间"场域"。例如波兰的什切青国家博物馆分馆就是基于场地历史因素的考虑，采用了一种近乎将建筑完全消隐在城市空间的手法来表达其在城市环境中所扮演的角色。什切青是位于波兰与德国边界上的一座海港重镇，由于夹在德国与俄国之间，在世界大战时期经常成为被反复争夺的战略焦点。这就形成了这座城市鲜明的特点，被多方势力侵占和分别统治过，但却没有留下什么历史遗迹，因为新来的统治者往往会将前任留下的痕迹彻底抹平。建筑所在的场地也是同样的情况，由二战时期被盟军轰炸后的战争废墟逐渐转变成了如今开阔的城市广场，曾在 20 世纪 70 年代发生过工人抗议活动，后来逐渐成为人们心中争取自由的圣地。环绕这片广场的街区建筑中，最重要和醒目的建筑就是北侧并排的红色老警察局，此作品获得了 2015 年密斯奖，并成为新的城市坐标。

因此，为了保留广场原有的历史纪念意义以及避免

与周边街区建筑的"争锋"，设计师采用了一种谦逊的方式将新建筑隐藏在广场的面层之下。为了处理好传统街区和广场的关系，整个设计将广场的两个对角位置的地面微微"掀起"，其中一侧临近拥有音乐厅和警察局的历史街区，因而被设计为隐藏在广场下的街区建筑单元，单元内容纳了博物馆的功能。在功能和形式上完成了广场向城市街区的平滑过渡。另一侧扬起的地面在空间中形成一道类似扇形的优美弧线，优雅定义了场地边界的同时，又如山峦般形成了一个观景平台，模糊了场地与周边城市肌理的界限。中间平坦的广场自然成了人流通行与城市和广场间的主要通道，并且也为临近的音乐厅和教堂等建筑提供了城市舞台。整个什切青国家博物馆更像一个具有城市功能性的混合用途建筑，它并没有在场地上用一种类似颂歌、口号似的形式去宣扬什么精神；也并没有急于用某种形式去重建广场从而去纪念过往的繁华，而是选择了一种将建筑与城市基础设施相融合的手法，使二者共同演变成一种景观形态的表达方式，融入了整体城市"场域"的同时，把城市的精神和肌理长久地留在了场地上，去尊重而绝非标榜着一座城市的历史（图 4）。

3　景观化建筑形态对城市空间问题的修复

景观化建筑形态有时可以有效地缓解、修复城市空间的现有问题，并通过修复的过程有效发掘场地"能量"，从而合理引导这些"能量"更积极介入现有城市肌理，激活健康的场地内"场域性"。这类建筑景观形态之于城市绝不仅仅是一种依附关系或是在现有城市网格和规划制度下一种被迫的妥协。毕竟，我们并不能寄希望于每次都如同建一座新的城市一样重新规划合理性的建筑用地区块和路网，很多时候一个地区的城市规划弊端可以通过建筑空间所建立的新场所来解决。在不大动干戈改造城市肌理的前提下，一些具有城市规划意义的景观化建筑是可以对场地的现有问题进行合理梳理和解决的。并且，新的空间场所与原有城市环境形成一种有效的互动，解决了场地矛盾的同时也增强了建筑景观形态本身更强的社会潜力。如美国圣路易斯市的 Galleria Parkway 地区是一片呈带状格局的大型超市区，这是一种很典型的美国城市规划布局，人们会驱车来到这些远离市中心的超市群进行一周生活用品的采购。这片区域与地铁线、州际高速公路和几条城市主干道相连接，交通十分便利，场地每年会有数以百万计的顾客人次。从这些基本情况可以看出，整片场地是一个充满大量车流和人流的动态能量场，这样大的"动态场"是场地本身一个潜在的巨大优势。

然而，由于旧有的城市规划弊端，每个超市所属红线内的土地所有权都分归为各个不同的企业，因此在整

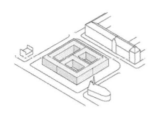

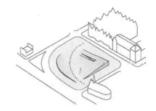

a pre-war quarter development   a post-war square   an urban hybrid of a quarter and of a square

图 4　波兰什切青国家博物馆分馆（来源：KWK PROMES）

体的车行和人行流线上十分混乱。体现出的核心问题就是场地东西横向宽度仅为半英里，但却并没有提供任何横向穿行的流线，人们从一个超市去另外一个超市短短数十米的距离都必须经由驾车来绕圈完成。因此，场地最迫切要解决的问题就是增加良好的、积极的步行空间功能，但仅仅是设计成桥梁一般的景观类基础设施还是缺乏对场地能量更好地开发和利用，毕竟拥有如此巨大"能量"的动态场地是具有十足潜力的。因此，作者本人最终将项目功能定义为一个大型的综合类运动场所，这一功能的定位体现了对场地问题的一种解决办法和对其多元动态性"能量"的一种回应，以及为现有的购物和服务性业态带来了功能上的互补，让来到场地上的人有了更多的选择。整个设计中，具有不同曲率的动态流线型通道提供了穿行基地的条件，人们可以选择不同的路径完成对场地的横向穿越，到达他们所需要去的购物场所；同时，它们又不单单只作为交通枢纽出现，更被演变成了运动场所，不同的曲率带来的速度感的丰富变化配合着周边的动态因素，可以激发人进行运动的欲望和潜能，并且根据不同的速度感选择相应的运动形式，比如自行车、轮滑、跑步等。这些兼具交通枢纽和运动场所的平面就如同悬浮在空中错落有致的城市广场，为场地公共空间带来了新的活力。这些体育馆分布在整个场

地的起点、终点和重要的交通中转处，使民众既可以方便地从场地的各个方向进入馆内，也可以通过与场馆相连的流线型城市平台涌入其内部空间。采用跨度大、自重轻的膜结构工艺很好地应对了狭长、极不规则的极限场地条件，同时拱形的结构易于塑造出适合场地条件的不同建筑形态。整个建筑景观形态动态般的造型具有两点重要意义，首先是缝合了破碎的城市肌理，并将人流这一场地最大的动态能量以运动的方式引向了连贯顺畅的、具有立体化性质的平面空间体系；其次，整个设计的建筑、景观、场地间充满着一种和谐的一体性，各个设计元素之间是具有动态关系的，这种动态关系的呈现体现了彼此间具有的一种"场"的连接，其产生的更深一层的含义，是使建筑这一媒介不再与周边环境割裂开来看待和处理，从而使其可以更合理、全面地处理人与人、人与物以及人与周边环境的关系。这一大型景观化建筑的形态设计同时也意在对抗周围千篇一律的具有现代主义外壳的建筑，从而唤起一些建筑中被忽视的自然美的原则，并尝试用一种模仿"地形景观"的第二自然的形式去丰富现有的城市肌理（图 5）。

4　结语

由上述案例可见，"场域性"这一概念的出现，带来了建筑设计方法论的革新。在处理与城市的关系上，建

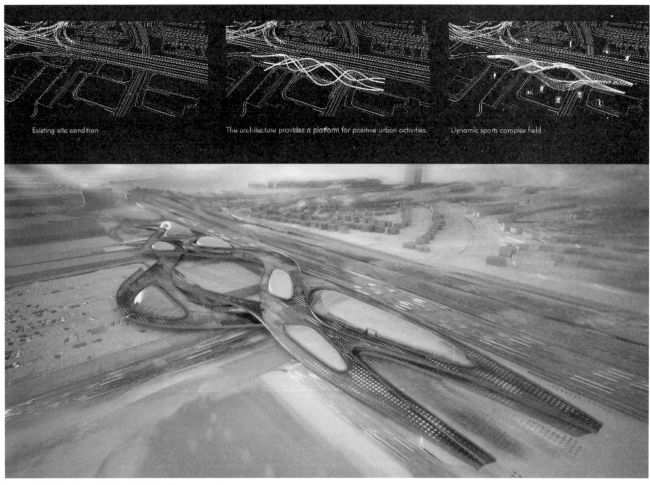

图 5　大型综合运动场地（来源：作者本人）

筑与周围环境不再是互不相干对立的存在，二者被统一视为在地表上延续蔓延、具有整体性的景观。景观化后的建筑其表达形式由传统的物体与地面相互对立式的孤立建筑形式转变为由景观和地形学的语言、形式相结合来表达的连续性城市景观"场域"。从设计伦理上来说，建筑在城市中存在方式的转变体现的正是人与环境之间关系处理的进步，如何改善、提高人这一最重要因素在城市环境中的体验过程才是建筑、景观、城市这三者有机融合的最终目的。

参考文献

[1]　Philip Jodidio，HADID – Complete Works 1979-2009，TASCHEN GmbH，2009，283-284.

[2]　扎哈·哈迪德 .El Croquis 建筑素描 [J].2001，103：9-12.

"天人合一"与数字设计

清华大学 曾绍庭 邱 松

摘 要：本文开篇阐述"天人合一"思想的哲学内涵，并发现道家学派的"天人合一"思想与福柯、吉尔·德勒兹的"生成"哲学思想有着很大的关联。进而笔者将"生成"哲学思想运用到设计研究中，分析国内外基于生成哲学思想的优秀作品范例，阐述生成哲学思想对于数字形态设计及设计思维的影响和意义。最后笔者介绍了自己的两个设计研究与应用实践项目，加以阐述生成哲学思想在数字形态设计中的运用以及其对于设计思维所带来的影响与贡献。

关键词：天人合一；生成；数字形态设计；人机工程学

"天人合一"思想是中国传统哲学中重要的组成部分，是中国传统文化的思想结晶，了解其思想内涵与发展演变历程对于设计思维与设计形态学研究有着一定的启发性及现代意义。尤其是"天人合一"思想中的一些理论和观点，对于笔者所致力于研究的数字形态及参数化设计实践，有着哲学内涵层面上的启发和指导意义。

最早提出"天人合一"思想的思想家是庄子，他在他的著作《庄子·山木》中首次表达了天人合一的观点："人与天一也。"这句话的意思是：人与天是一个整体。身为道家学派代表人物的庄子对于天的解释是：天是自然。然而，在"天"的内涵及"天人关系"的问题上，儒家学派与道家学派有着很大的差别和分歧，儒家所讲的"天"来源于周礼，进而可以追溯到殷商时期的占卜：《礼记·表记》中记载："殷人尊神，率民以事神。"所以儒家认为的天人关系起初是一种天与神的关系，进而演变为一种人与"礼""义"等道德层面思想的关系，奠定儒家"天人合一"思想核心的思想家是孟子，《孟子·尽心》中载：尽其心者，知其性也．知其性，则知天矣。存其心，养其性，所以事天也。所以儒家和道家对于"天人合一"的解释最大的不同在于"天"的主客观性。

让我们回到关于设计思维的探讨。现代设计，尤其是以现代主义为代表的设计思想流派，也一直强调设计的客观性，例如"形式追随功能"这一著名理论就是最好的证据，现代设计理论家和设计家总是强调设计与艺术的区别：设计为使用者服务、设计为他人服务，以及设计为功能服务；而艺术多数情况下是为了艺术家的自我意识、思想与直觉服务。设计是客观的，艺术是主观的，这是设计与艺术最大的区别。

然而，现代主义的设计家虽然秉承着现代主义、功能主义的强调客观性的设计哲学，但是，我们依然能看到一些现代主义设计作品有着截然相反的面貌，例如：密斯设计的范斯沃斯住宅，业主对其乏味的一元功能性和对于使用者私密性考虑的缺乏而把他告上法庭；柯布西耶对于巴黎的城市规划方案因为严重的机械化和对于历史遗存和文脉的不尊重而被弃之如敝屣；山崎实所设计的圣路易斯市平民住宅，因其冷漠而单调的功能和"住在里面像是住在监狱里"的评价，在1972年被市政府炸毁，同时，这一事件也被后现代设计理论家查尔斯·詹克斯看作是现代主义设计灭亡的标志。这样的例子不胜枚举！柯布西耶曾说：我们不需要向民众去询问任何问题，因为民众什么也不懂，他们需要做的就是坐在那里等着享受我们为他们设计的建筑和产品。可见在这一刻，现代主义也不再客观了。

那么什么是客观性的设计？源于中国古老哲学的"天人合一"思想又和设计有什么关系呢？对于设计思维又有哪些启发和意义呢？让我们看几个相关的设计案例：第一个例子是现代主义设计大师格罗皮乌斯做的迪士尼乐园道路规划方案，他的设计方法非常新颖和独特，他先让园丁把公园内的土地全部种上草，然后等待这些草坪成熟以后他才让游客进园并随意的观光，又过了一段时间，草坪上留下了一条条的小路，这些小路都是游客观光时自己踩出来的，换句话说公园的道路不是设计师设计的，而是游客自己创造出来的。还有一个案例是中国著名建筑师马岩松设计的鱼缸，他通过观察鱼在水中的运动轨迹，进而记录下这些运动轨迹，从而依据这些轨迹生成鱼缸的最终造型，换句话说这个鱼缸的造型不是马岩松设计的，而是靠鱼自己游出来的。

笔者认为，以上两个案例正是客观性设计思维的范例，也和中国道家所提倡的"天人合一"的思想有异曲同工之妙。在庄子之前，道家更有名的一位代表人物老子曾说：人法地，地法天，天法道，道法自然。老子所讲的"自然"并非我们所熟悉的大自然的自然，道家的"自然"其真正含义是"自然而然"，那么什么是"自然而然"呢？笔者认为福柯、吉尔·德勒兹所提出的哲学概念"生成"是对"自然而然"这一概念的最好阐释和解说。所谓"生成"就是指事物依照自我逻辑发生发展，就像格罗皮乌斯设计的公园道路、马岩松设计的鱼缸那样，事物的变化源于事物所在系统本身的发展逻辑而非外力。就好比我们所生活的地球之所以是现在这个样子，是源于其自身系统的发展和变化，而不是有个上帝之手或者外星人把地球当作他的作品一样，涂涂画画地进行神的创造。所以从某种意义上讲，"生成"的哲学思想揭示了我们以及我们所生活的这个世界的本源和发展规律，它也被很多哲学家视为最根本和科学、正确的事物发展规律。

那么，我们如何将道家的"天人合一"、"道法自然"等思想，以及"生成"哲学思想应用到我们的设计研究和应用中呢？这一哲学思想又对我们的设计思维提供哪些养分呢？我们生活在一个科学与技术飞速发展的时代，人工智能、虚拟现实、智能硬件、大数据、3D 打印等新技术为我们的工作和生活提供无限的可能性，在设计领域更是如此，数字设计和数字建造应运而生，例如：我们可以通过一系列传感器为使用者量身打造最舒适的人机工学座椅；我们可以通过智能算法模拟植物的生长规律，从而生成最合理的建筑结构；我们可以通过数字建造技术，使得结构极其复杂的摩天楼得以实现。也正是因为有了这些高科技，设计可以变得更客观，基于"生成"哲学的设计研究与应用才得以实现。

笔者致力于数字形态的研究与参数化设计的实践，下面笔者将介绍自己的几件作品，用于阐释"生成"哲学在数字设计中的应用：

1 人体工程学座椅

本研究将通过参数化实验，使用 Arduino、Kinect 等智能工具，将实验参与者的行为参数输入到参数化设计软件 Rhino 与 Grasshopper 中，进而生成符合实验参与者行为特征的座椅设计。设计并实施参数化实验，分析实验结果并完善设计是本设计的最重要的内容。

邀请实验参与者坐在四张不同的座椅上，放松并以最舒适的姿势端坐。四张座椅分别为：有靠背硬质座椅、无靠背硬质座椅、有靠背软质座椅、无靠背软质座椅。与此同时参与者的姿态均被 Kinect 体感摄像头捕捉并记录在 Rhino 软件中，此刻实验员通过观察 Rhino 中的数据并同时和参与者进行交流，记录使得参与者最为舒适的坐姿。此次试验共记录五种坐姿。在记录坐姿的同时，grasshopper 已经使用预先设定好的程序为该坐姿生成了适合的座椅造型。本次试验中，座椅造型分为两步骤生成：①在坐姿虚拟骨骼的基础上，以身体上的十个关键着力点至地面中心生成杆件；②使用 kangaroo 以上一步生成的杆件为基础生成 membrane。座椅的设计与生成过程，其造型满足参与者最舒适坐姿。

标准化的座椅，是根据我们使用者最中庸的一种坐姿方式设计的，标准化的设计是为了满足众多使用者的一个集体的平均需求，从而忽视了每个个体的特殊需求。本次实验中的最适五种坐姿均为实验参与者自身的特殊需求，创新点全部来源于那些一般不会被设计师注意到的细微动作与姿势。

将五种形态座椅两两对比，从中筛选同时满足父本与母本造型 DNA 及功能形态要素的最优方案。使用参数化软件进行 morph surface，从两种不同形态的造型之间获取同时满足两曲面造型特征的曲面形态。在 morph surface 过程中，增加过渡曲面的数量，从而可以使用 Galapagos 遗传算法最优解筛选机制，得到更为精确的平均曲面。使用 galagapos 遗传算法模拟器计算得出同时符合两种座椅造型的最优解，并发现其规律为最优解在接近黄金分割比 0.618 位置。

经过四轮两两对比的形态筛选过程，筛选得到同时满足父本与母本造型 DNA 及功能形态要素的最优方案。通过进行五种特征形态曲面的结合，得到最终座椅形态，从笔者预想的设计结果判断，该形态的座椅同时包含上述五种满足参与者最适坐姿的造型特征 DNA，进而可以同时满足实验参与者的五种最舒适坐姿。与此同时，在两两对比的形态筛选过程中，使用加权平均的方法，可以得到更人性化以及更满足用户需求的座椅造型（图 1）。

笔者进而使用 Kinect 的 3D 扫描功能，与 Skeleton Tracker 功能相配合使用，捕捉实验参与者的两种使用座椅时的身体姿态："坐与躺"，进而生成与这两种姿态相匹配的座椅造型。"坐与躺"这两种坐姿，是使用者对于座椅的诸多需求中权重所占比重最高的两类动作，因此该座椅的设计围绕着这两种姿态进行。将由参数化设计实验生成的座椅造型，使用瓦楞纸插接组合的方式制造出来，得到可组装变形的瓦楞纸多功能座椅（图 2）。

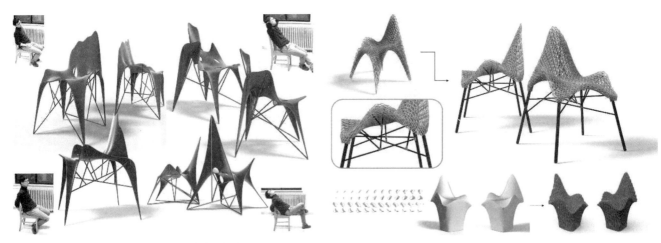

图 1　人机工程学座椅的设计过程及筛选优化过程

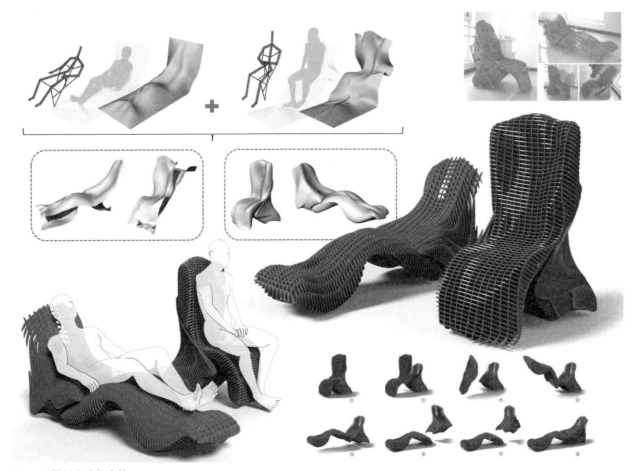

图 2　瓦楞纸多功能座椅

2　3D 打印身体建筑学

这一项目是笔者参加 2017 年同济数字未来工作营设计的作品，它是将数字化设计作为媒介载体，试图打破人体运动成像与设计生成间的壁垒。通过载入人体肌肉运动热成像图，肌肉的运动频率会干扰控制衣服单元的疏密关系，从而使得衣服单元的疏密以适应人体的活动规律，让衣服单元的大小与排列顺序达到一个令使用者最为舒适的范围。这一功能的得以实现，要归功于数字设计的方法，即是将人体热成像图载入 grasshopper 中的 image sampler 组件从而控制衣服上单元体的大小和排列规则。除了可以让人体特征可视化，还可以通过单元密度来微妙调整衣服对身体的遮挡关系（图 3）。

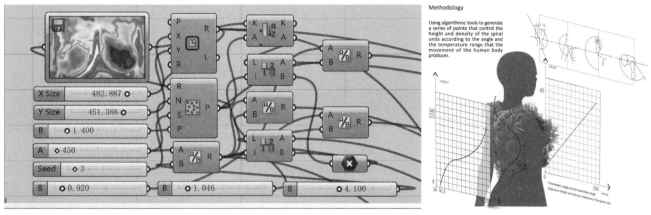

图 3　image sampler 及 attractor 的运用

同时，根据人体工程学中的关节运动角度范围，来精确调控每个单元螺旋线的高度，以至于螺旋线高度不会给人体的运动带来干涉。实现这一功能是使用参数化设计中的 attractor 方法，将人机工程学尺寸的关键节点和人体运动轨迹作为干扰点和干扰线，进而达到笔者对于设计的预期构想。螺旋线和单元的形式来源是自然界的分形系统，自然植物正是通过外界环境的干扰和影响，并基于自身的生长算法来适应周遭环境和反映自身体态特征。

这是一款定制化并且免装配的衣服，衣服本身有着单元体与单元体之间复杂的装配关系，但是这一装配过程全部在 grasshopper 软件中完成，3D 打印的成品是一次成型的。笔者还研究了不同类型 Chain mail 结构单元间的灵活程度，最终敲定了结构单元可以实现结构最大的灵活性。打印后的服装有如一块平展的布料，可以舒适的贴合人体曲面（图 4）。

或许在一开始，绝大部分读者对于"天人合一"思想与"数字形态设计"的关系是不以为然的，因为一个代表中国传统文化的哲学内涵，一个代表新时代新技术的集中体现，它们之间看似是毫不相关的。但是笔者发现从哲学层面上，这一古老的思想和今天最新的设计技术有着很大的关联，传统的设计思维与设计方法是自上而下的，而基于生成哲学思想的设计思维将颠覆这一传统理念，设计的过程可以是由内到外，甚至不需要设计师的参与，而且随着人工智能等新技术的成熟，它将为我们带来更多的可能性。笔者之所以使用"天人合一"而不是直接使用"生成"来阐释哲学层面问题，是因为"天人合一"这一名词相比于"生成"更富有诗意，从接受主义美学的层面来讲诗意代表着无限的可能性，你可以通过诗人简短的几行诗进而产生无尽的遐想，这也是笔者对于数字形态设计的态度，数字设计必将在未来为我们带来更多的可能性和更好的设计。

参考文献

[1]　邱松 . 造型设计基础 [M]. 武汉：湖北美术出版社，2009，5.

[2]　王受之 . 世界现代设计史 [M]. 北京：中国青年出版社，2015，12.1.

[3]　[法] 勒内·托姆勒内·托姆 . 结构稳定性与形态发生学 [M]. 成都：四川教育出版社，1992.

[4]　吉尔·德勒兹著，于奇志，杨洁译 . 福柯褶子 [M]. 长沙：

图 4　3D 打印身体建筑学的最终作品效果图及实物照片

湖南文艺出版社，2001．

[5] 王男，王佩国．参数化设计在产品造型设计中的应用研究 [J]．设计，2014.07：15．

[6] 张世英．中国古代的"天人合一"思想 [J]．求是，2007．

[7] 徐卫国．参数化设计与算法生形 [J]．世界建筑，2011.06．

[8] 李牧．基于参数化设计的汽车造型设计应用初探 [J]．艺术科技，2013.06-07．

[9] 李士勇．非线性科学与复杂性科学 [M]．黑龙江：哈尔滨工业大学出版社，2006．

[10] 包瑞清．Grasshopper 参数化模型构建 [M]．CaDesign.cn 设计，2013．

[11] 孟祥旭，徐延宁．参数化设计研究 [J]．计算机辅助设计与图形学学报．2002．

[12] Essia Z.，Nadia G.-M.，Atidel H.-A. Optimization of Mediterranean building design using genetic algorithms [J]. Energy and Buildings，2007．

[13] Walkenhorst O.，Luther J.，Reinhart C.，et al. Dynamic annual daylight simulations.

[14] Alessandro Minelli.Forms of Becoming The Evolutionary Biology of Development[M].Princeton University Press，2009．

[15] S.A. Wainwright，J.M. Gosline，W.D.Biggs Mechanical Design in Organisms[M].Princeton University Press，1982．

城市夜景照明的艺术表现
——以英国城市夜景光文化为例

天津美术学院　彭奕雄

摘　要：城市的夜景照明是城市艺术形象的组成部分，营造城市夜景富有艺术品位的形象是形成光文化的基础，可以提高城市的形象品味与人们的生活品质。英国城市的夜景景观艺术设计中，采用不同的设计形式所营造赋的有艺术魅力的照明艺术效果，丰富了城市的环境艺术形象。借鉴其科学合理的使用灯光，完美地把灯光和艺术结合起来，为形成具有城市个性的光文化具有借鉴作用。

关键词：城市夜景；光艺术；光文化；光构成

当今的城市建设中如何创造富有环境文化的特色形象已经提升到是否体现城市文明水平的高度，富有个性化的景观环境是城市形象的具体反映。光环境文化作为现代城市环境艺术的核心组成部分，对形成城市品位、提升城市生活品质、满足市民精神生活需求具有重要的、不可或缺的作用。

自古至今，人们从未间断过在黑夜中追求对光的探索。随着基本生活需求的满足和审美水平的提高，人们对光的渴求已经不仅仅停留在满足照明的基本要求上，人们需要创造光艺术来满足精神生活的审美需求，这已经成为当今城市夜景光环境设计研究的重要课题。然而在城市夜景光环境建设中，一些地方还存在着观念上的误区。诸如建设光环境越亮越好、色彩越斑斓越好，尤其是由基本的功能照明向装饰照明过渡的初始时期表现得较为明显。

通过对英国城市夜景光环境的考察，可以给我们这样的启迪：蕴育城市夜景光环境文化，应当以城市整体环境形象规划为基础，系统分析城市的历史文化和环境特点，充分展现灯光的艺术表现形式与技术手段，构成以文化为底蕴的城市夜景环境，才能逐渐形成具有独具特色的系统化的城市光文化。

1　光艺术的寓意性

城市夜晚的光环境设计的效果直观地看一般具有鲜明的艺术特性，但是，如果我们巧妙地运用照明手段，表达一种隐喻的内容，往往可以营造出比直白的形式更具有内涵的环境，从而构成了高品位的地域光文化。

英国首都伦敦的泰晤士河两岸聚集了众多具有标志性的、或传统的、或现代的闻名世界的标志性建筑，这个被称为"露天的建筑博物馆"集中展现了英国的建筑艺术。这一区域的夜景光环境从另一个角度展现了建筑景观的光艺术形象（图1）。

重点建筑在照明设计上都将其造型形式、风格特色表现得淋漓尽致。在用光的色彩方面，注意用统一的暖色调来表现各自的特色。总的来讲，古典建筑采用暖色调，现代建筑追求用色的变化，构成了总体浑厚、亮点突出的夜景光效果（图2、图3）。

图1　泰晤士河光环境景观

图 2　大本钟、议会大厦夜景

图 3　伦敦眼夜景

　　在特定的活动或时段，常采用截然不同的照明色彩，使区域夜晚光环境给人以醒目的光形象，传递了隐喻的语境，这比布满大街的旗帜标语显得更有艺术性，也更显示出城市光文化的艺术品位（图4、图5）。

2　光构成的艺术表现

　　光构成的艺术表现是指通过利用各种光源及光学材料创造出具有平面构成——二维视觉效果和立体构成——三

图 4　红色调的国家剧院

图 5　红色调的伦敦眼

维维视觉效果的夜景光环境作品。光的构成效果一般依附在大面积的墙体立面，或者是建筑整体设计的夜景。可以表现不同的寓意题材，不同表现形式的平面或立体光的构成设计中，由于灯光具有鲜艳夺目、形式新颖和具有穿透性的特点，往往可以构成一个区域的视觉中心。

　　英国的纽卡斯尔市在举办国际帆船节期间，在流经市中心的泰恩河旁的现代艺术馆建筑立面上展现的平面光构成的艺术作品，它依附在建筑物墙体上，如同一幅以色块组合而成的抽象形式的光绘画，富于韵律与节奏，表现出简约的抽象美感，与周围的景观在明度与色相上都形成了强烈的反差，产生了对比鲜明的视觉效果（图6）。

图 6　英国纽卡斯尔市现代艺术馆

　　由著名的建筑师诺曼·福斯特设计的纽卡斯尔市泰恩河畔音乐厅，用最简单的基本色，运用光学原理和超现代的设计手法，将时尚的现代艺术氛围体现得淋漓尽致。建筑表皮采用了透明和单反玻璃，入夜时分，建筑内的照明里光外透，构成了一座光的立体构成佳作（图7）。

　　由于光的构成艺术的主要运用要素来自于光，而光又具有不同于颜料的色彩可变性，即通过光源的调整不仅可以使色光在明度及纯度上发生变化而且可以使色相发生根

图 7　英国纽卡斯尔市泰恩河畔音乐厅

本性的改变。因而在光绘画方面也可以发挥它的这种特点，使同一类光的构成效果按照预定的程序来表现不同的内容。

富有魅力的现代化城市，其城市夜景景观的规划设计必然具备个性化的艺术特色，它应该是这座城市的人文、历史、过去与未来的展示，因而形成了一座城市的夜景景观的光文化。而在城市夜景景观系统的设计中，主景区的个性化构成又是整个夜景景观系统的标志性代表，是城市夜景景观光文化的集中展现。

从以上介绍的英国城市夜景光艺术作品中，我们可以感受到创新的设计表现形式在塑造城市光环境、形成内涵深厚的光文化中所表现出的重要作用。可见，在进行夜景环境设计时，采用现代光学领域新技术与充满新意地艺术手段有机地结合，一定会为我们的城市夜景增添无穷的魅力。

景观空间概念设计课程教学改革研究与实践

华南理工大学　胡泽浩

摘　要：景观空间概念设计作为风景园林和景观设计专业学生的重要设计类课程，起着重要的入门引导作用。如何合理的激发学生的兴趣，让学生迅速完成对景观类设计课程的入门是景观类专业课程设置的关键。本文从人的主观感受入手，鼓励主观——归纳——客观的理论指导景观设计教学实践，最后设置详细的协同合作教学实践课题，探索景观空间概念设计教学实践的模式。

关键词：景观设计课程；空间概念设计；教学实践；主观归纳

景观空间概念设计作为风景园林和景观设计专业学生的重要设计类课程，对其的引导入门有着至关重要的作用。如何激发学生的兴趣，完成从大二学生到景观设计类课程的入门是设置这门课程的关键，也是摆在园林景观教师面前的一个重要任务。

纵观之前的景观空间概念设计课程的教学，无论是从《从概念到形式》，还是从《风景园林设计要素》入手，都可以使同学找到初步设计的方式。有的老师，则采用景观快题的方式引导学生进行概念设计的创作。但这样的引导入门方式存在一定的隐患：即学生从绘图的方式开始入手，容易产生概念图纸引导至上的想法，分不清景观设计的真正目的，认为景观设计就是一个从设计师在图纸上思考，画出概念图，然后将概念图细化，再到落实的过程，这对于本次课程的教学目的是有偏差的，也不利于引导学生入门。而在本次有关景观空间概念设计课程的教学设计之中，首先采用从作为"人"的主观感受作为首要概念入手，理解为什么这个地方是这样的设计方式，从观察法上对学生进行引导，再将人的主观感受归纳，找到客观的设计手法并以此展开和推进，如此进行教学，可以更好地加深学生的印象，有助于以后的专业培养和发展。

1 以作为"人"的主观感受作为切入点

在进行景观空间概念设计课程教学之前，教师可以尝试引导学生忘记自己的专业学生属性，单纯地作为一个"人"，一个使用者的角度去观察一系列景观设计相关

的元素。大到一个片区的整体景观规划策略，小到一池树池、一个座椅的设计，都可以看得出设计者从概念上对于整体景观设计项目的把控。可以鼓励学生到一些景观设计项目之中去使用，去体验这个地方对使用者的感受。同时也可以为设计积累第一手直观的素材。例如在教学楼的两处休息平台，其中一处平台 A，在课间和课余时间很受欢迎，在整个平台上，各类社团活动，宣传海报，零食贩卖也都热衷集中于此；而另一处平台 B，无论区位和场地大小都相近，但人气却远不如平台 A。可以以此为例，尝试让学生花时间在整个平台观察分析一段时间，作为使用者去体验和感受。而学生反应之后得到的第一感受是：在平台 A，学生们显得更放松，因为虽然平台 A 处于三栋教学楼呈"回"字型包围正中，但其平台上设置的遮阳伞可以很好的化解被周围教学楼上其他人窥视的尴尬，隐蔽性很好，自己看得到别人，别人不容易看到自己，平台树池种植的树木和丰富的小灌木也起到了视线遮挡和遮阴的作用，坐着舒服；同时，桌椅的设置尺寸也更舒适，坐在一起说话，交谈都十分方便，在太阳暴晒的中庭平台上，木头材质的座椅不容易被晒得发烫；而且，A 平台周围的教学楼栏杆上，也安装有木头的百叶窗更进一步地防止了周围被窥视的可能，以上种种，都是 A 平台受欢迎的原因；另一方面，在平台 B，学生通过一天的观察和体验，发现平台 B 跟平台 A 一样处于暴露教学楼之中，但其周围并没有遮挡物，不遮阳且毫无隐私，使得平台上发生的一切一览无余；

而周围的空调室外机，夏天吹热风，冬天吹凉风，让人难受；同时，其靠近教师和辅导员的办公室，对学生来说，这更不可能成为一个"受欢迎"的区域了。

以上这个简单的教学过程中，学生忘却了自己"景观设计"学生的身份，单纯以一个使用者，一个"人"的角度去感受和体验，这样不仅能够直观的让他们感受到自己今后设计出来的作品，会给人什么样的感受，也可以为他们的设计积累第一手的素材。在之后的教学中，他们每次做一个有关设计的决定，都会停一停，感受一下自己的设计将给以后的使用者带来什么，逃离泡泡图画画便设计，或是将设计当做平面构成来做的怪圈。

2 将作为"人"的感受进行归纳和总结

"人"是一种感性的动物，所有人类的感觉，我们的主观感受，来源于五官感受，即为视觉、听觉、触觉和嗅觉的感知，也会因为周遭氛围的改变而影响，这些主观感受都是可以通过归纳和总结，得出"为什么"造成这样感触的原因。以上文提到的教学区域休息平台为例，视觉则作为最直接的感受，对人造成影响。而对于普通人而言，他们从不喜欢在没有准备的时候暴露于他人的视觉之下，但却喜欢观察他人。这从生活中不难发现：每次在餐馆就餐，远端的靠窗座位总是优先坐满人，因为这些座位不但可以观察到进入餐厅的人，还能观察大街上的行人。同理，在餐桌礼仪上，我们也把进门正对的座位称为"上座"，座位之人奉为"上宾"，这是对这个位置视觉优势的一种肯定，也能够从侧面说明我们对视觉感知的一种重视。这些生活上的我们所谓之"习惯"，其实在背后的科学依据，都是一种对人本性的理性探讨和研究。在听觉方面，近亲自然的声音如鸟叫，虫鸣，微风拂过树叶的沙沙声，都会给人以轻松和愉悦的感受，这类有益的声音，我们应该增强，而周边车流的噪声，其他教室的讲课声，对于在休息平台的同学而言，则是需要弱化的，我们又可以尝试用一些设计的手法加以阻隔。触觉方面，相较于听觉，它更不会第一时间给人造成感受，但却可以增强一个地方的感受。最直观造成触觉差异的莫过于材料，尤其是与人身体接触的部分。比如说，一些柔软、舒适的材质的坐凳，更吸引人在上面停留；透水性好的材料用在一些露天平台的区域桌椅，可以更快地吸附水分和透水，让座凳在下雨天之后能够尽早重新投入使用，材料有关乎质感，而质感则会给人以感觉。我们在城市中越来越少见到就地取材的青石板路，但我们依旧会为一些古镇上青石板路透过我们的鞋底传达到的触感而感动。嗅觉上，我们会因为时间的流逝而忘记过去的岁月，但一道家乡小菜的香味却会让我们想起家乡，初夏大雨之后夹杂桂花香和泥土的气息，也可能给我们以亲近自然的感觉。以上，都是处在景观

设计项目之中人的主观感受，这些主观感受，很多时候都是由设计师所采用的设计手法所造成的。

3 将主观感受归纳总结出客观设计手法，再回归到"人"上

有了之前的主观感受，总结归纳两个阶段，学生对"人"在景观空间设计之中的感受有了一个初步的认识，当他们再设计的时候，时刻都会想到其设计的景观空间会如何服务于"人"，将空间设计变得更合理、更包容和满足更多使用者的需求。使得真正的空间概念设计，服务对象在于"人"，核心在于"使用"，使其脱离从概念图纸到实际作品的简单绘制，在设计的时候，更多一份思考。

人使用一个空间，占据一个空间，人和人之间发生交流，空间的使用性质也会随之改变。例如一个小小的户外休闲草地，在一家人聚集在一起的时候，它是一个聚餐的空间和休闲娱乐的空间，但当使用者变成校园的学生老师，它可能会变成一个讨论交流或者户外学习的空间。同样，一个本来没有人参与的空间，也会因为人为的活动而变得有趣。例如位于成都市红星路南三段的活水公园的河岸边扶手栏杆，仅仅是 30 厘米 ×30 厘米的栏杆柱子顶部小空间，当地人们会坐于栏杆扶手之上，用栏杆的柱子当做棋盘进行娱乐；一组人物的雕塑，在教学区域可能仅仅是一尊雕塑，仅有观赏作用；在旅游区，则可能成为一处小的景点，不仅可以观赏，游客还会和这组雕塑产生一系列的互动，如拍照，了解雕塑所传达的故事等；而当这一组雕塑出现在居住小区里，他就会成为一个充满生活气息的雕塑，身上可能会挂满居民晾晒的衣物和被单，一些特殊的雕塑可能会作为其他的晾晒工具来使用。综上所述，一旦考虑了人为活动，一切的空间都会变得更复杂，而作为空间的设计者，在设计之中，将"人"作为第一要素，"使用"作为第一要务，所设计出来的空间就会是一个兼顾尺度、功能和人的使用行为的合理空间，这就更容易达到景观空间概念设计课程的教学目的：激发学生的兴趣，明确景观空间设计的目的，把学生引进设计的门里。

4 结论

当今的景观空间概念设计课程问题，都存在着对使用者行为活动理解不足的问题，在设计中，如果不能考虑"人"，而单纯地去谈论"空间"和"设计"，会对今后的其他设计课程产生严重的不利后果。以首先采用"人"的主观感受作为首要概念入手，再从观察法上对学生进行引导，后将人的主观感受归纳，找到客观的设计手法并以此展开和推进。用"主观—分析—客观"的模式来对此课程进行调整，可以更好地加深学生的印象，增强学生对设计的理解能力，锻炼其思考能力，会对学生今后专业培养和发展产生良好的影响。

参考文献

[1] 张友军，刘岚.居住空间设计课程教学改革的研究与实践 [J]. 华章，2010（33）.

[2] 杨丽娜.基于项目为中心的设计课程教学模式研究——以居住空间设计课程为例 [J]. 艺术教育，2015（10）：227-228.

[3] 王婷.居住空间设计课程"项目式"教学改革路径探究 [J]. 青年时代，2015（18）：211-211.

[4] 杨华.叙事性空间设计训练——空间构成课的改革与实践 [J]. 包装 & 设计，2008（5）：107-108.

[5] Chester E，García-Almiñana D. Teaching innovation at UPC：linking space design education with agency roadmaps for exploration[J]. Recercat Principal，2010.

浅谈展示设计室内色彩

中国美术学院　陈　晨

摘　要：展示设计中的色彩应用与发展，是现代社会快速发展、观众审美需求不断进步的直观表现，也是展示设计师在展示形式和设计观念上打破以往的千篇一律的会展设计的重要手段，展示设计师通过对色彩与人的心理、色彩在空间的应用与原则，真正设计出能够满足企业需求并能带给观众以美的享受的展示作品。色彩是展示设计的重要组成部分，是对观众起着最直接的视觉刺激的重要媒介。注重色彩设计不仅能够突出表现展示设计上的艺术张力，充分利用色彩特性，协调展厅与展厅色彩的关系，同时更加能够满足不同观众的心理需要。所以对展示中的色彩设计的研究将在展示设计中起着不可估量的作用。

关键词：展示设计；色彩

色彩，来自于自然，存在于我们的生活中，它本是种自然现象，但在人类发展的过程中被赋予了各种特殊的含义。当色彩和人的意识和社会相关联的时候，它就变得复杂起来。人们借助色彩的某种特性同时也赋予它某种意义，来实现各种各样的目的。希望通过对会展设计室内色彩的研究，展开对色彩应用的思考，分析它如何通过人的"所看"影响人的感官与心理，它在会展设计中是如何发挥它的特性的。在我国，关于会展设计中色彩的研究，多停留在对色彩本身的研究，缺乏从深层次的角度对色彩与会展之间的关系做探讨。所以把色彩放到会展设计的语境中，它如何发挥作用是我们要研究的问题。

我们感受世界的方式有很多种，"看"最为直接，自然界通过不同的色彩向我们传递着各种信息。而会展设计的目的就是传达信息，无疑，色彩就成了会展设计要解决的首要任务。

会展作为一种综合信息的媒介，必须体现能与参观者互动的原则，而如何快速有效地吸引参观者的注意力是成功与否的关键。在诸多的展示设计方式中，色彩是最具有视觉信息传达能力的元素，快捷的视觉效果、特有的艺术语言为突出展品的特色起到重要的显示作用。同时在会展布置中，为塑造展区的空间形象、深化展览的主题思想也起到了重要作用。

会展的主题是展品，周围展示环境的色彩是作为陪衬而设计，是围绕展品的主题内容而使用。在展品的色彩包装上应该注意以企业形象与展品色彩的紧密结合；展品的色彩包装应该兼顾产品的广告标志；来自不同区域与民族的展品可以用该地区的象征性颜色或各民族崇尚的色彩进行设计，不同颜色有其不同代表性以及民族性；展品的色彩应该做到有序变化，给观众美的享受。会展布置中色彩的搭配是极其关键的，色彩搭配看似简单，其实大有学问。在展示设计中，色彩的表现力对视觉的冲击有着不可忽视的作用，甚至可以影响到参观者的心理。合理的搭配可以让人心情愉悦，使整个参观过程都变为一种享受，反之会引起参观者的厌烦情绪，使其忽略事物本质，影响整个会展的参观过程。色彩搭配需要根据颜色的彩度、明度、色相按照一定的原理和技巧进行搭配，从而达到想要的效果。首先，在展厅中总的色彩基调一定要统一，符合企业以及展品特色，与主题贴近，最好能将企业的感受直接表达出来。空间布置、展台装饰以及刀具的色彩选择都应该基于主色调。其次，色彩的运用一定要有主有次，可以利用强烈的色彩对比刺激参观者的视觉，利用展品周围事物的彩度、明度、色相等方面的变化满足参观者的新鲜感。

色彩的冷暖是通过人们视觉神经的感受，引起的心理和生理的变化所产生的联想，从而引起人们的情感表现。不同色彩能带给人不同的感受，人们对色彩的感情也有不同的差异。色彩有一定的象征意义，色彩同观念、情绪和想象联系起来，形成一种特殊的意念。色彩具有丰富的表现力和真实性，在展示设计中巧妙地运用色彩的感情规律传达出设计的意义。有色彩的展示比无色彩的展示更有吸引力，用色彩调动观众的情绪可以引起观众的兴趣，烘托展会的气氛。

环境色的把握要注意统一的色调，要考虑到受众的心理特点，展示总基调应当相对稳定沉着，要能准确表达展会的主题内容和展品的特色而引起观众的兴趣，又能带给观众一个舒适的视觉氛围。色彩能表达某种意念，能影响人们的情绪和表现不同的设计内容，选择不同的色彩，可以很好地表现显示的主题。对展会环境色彩的设计首先要确立总体的色调，总的色调是一种主色调与其他色相结合、搭配所形成的色彩关系，即色彩总的倾向是多样与统一的具体表现。既统一又富于变化的效果，构成一个和谐美丽的展示空间，给观众创造一个良好的展示环境，达到准确引导传达展品信息的目的。

为使展示空间色彩得到充分体现，灯光的作用便不可小视，不同的照明方式如全局照明、造型照明、气氛照明等，以及不同光色对整个展示空间起到一定协调作用。

展示设计中的色彩应用与发展，是现代社会快速发展、观众审美需求不断进步的直观表现，也是展示设计师在展示形式和设计观念上打破以往的千篇一律的会展设计的重要手段，展示设计师通过对色彩与人的心理、色彩在空间的应用与原则，真正设计出能够满足企业需求并能带给观众以美的享受的展示作品。色彩是展示设计的重要组成部分，是对观众起着最直接的视觉刺激的重要媒介。注重色彩设计不仅能够突出表现展示设计上的艺术张力，充分利用色彩特性，协调展厅与展厅色彩的关系，同时更加能够满足不同观众的心理需要。所以对展示中的色彩设计的研究将在展示设计中起着不可估量的作用。

色彩渗透到我们生活的方方面面，只要人的视觉是正常的，色彩就与我们的生命联系在一起。因此我们的世界里，凡与人的日常生活需求发生关系的方方面面，不仅仅能感受到色彩的存在，而且能感受到它们在发生着作用，同时也带给我们思考。

色彩与产业的问题是当代生活中最重要的内容，它涉及实体经济与创意产业的领域，因为产品与色彩和谐相融可以提高产品的附加值，企业会因为色彩而重新开辟出新的市场。于是我们就会看见色彩作用于城市、建筑、家居、服饰、汽车用品直至消费者本人的形象塑造。人的见异思迁的心理特征就会被色彩调整成满足时尚产品的期待，这种期待就成了促进商品经济的推动力。于是，色彩与设计、色彩与产品的各个派路、色彩与流行趋势、色彩与品牌塑造、色彩与营销等话题就为产业界所关注。随着物质层面的不断丰富，精神层面的问题就会凸现出来，诸如人们日常生活中的品相、品质、品位、品格及其背后的支撑理念等便与色彩发生着千丝万缕的联系。色彩界不停争论感性与理性的问题，人们经常性地迷茫在人的原始感知、被教化成的感知和理性引导下的感性之间的差异性，以及科学理性和设计方法理性的问题……都成为色彩领域内思辨的问题。

会展设计是会展活动中对展示空间和表达行为所做的安排，目的在于突出意义表达，加强沟通交往。它的功能在于利用感性符号的综合作用诠释表达对象的意义，从视觉、听觉、触觉、嗅觉和体验等层面提高观众的感受与认知度。而从视觉出发的最为直接的传达方式的第一要义就是色彩，我们通过目前国内对于会展色彩设计研究的了解，认识到会展设计室内色彩研究不能只停留在对于自然色彩本身的研究上面，要从多角度多维度来研究会展设计中的色彩。从美学角度、从哲学角度、从情感因素、从实践出发来进行研究探讨，并结合当下国情以及我国会展设计发展水平，研究与探讨会展设计室内色彩。

浅析当代会展设计的本土化发展

中国美术学院　尹楚佳

摘　要：在时代不断进步与发展的背景下，会展设计产业已经成为展示城市面貌的重要途径，地域特色是展示一个国家风貌不可或缺的，民族化、地域化的会展设计是体现国家软实力的主要方式，也是当下大时代背景下促进我国文化建设的主力军。

关键词：会展设计；本土化；民族元素；传统文化

随着经济的发展和社会的进步，会展设计产业已经成为现代城市发展的标志。城市发展与会展设计之间有着密切的联系，城市发展的程度直接决定了会展设计的需求，同时会展产业也是城市发展最好的标志。地域特色是一个国家不可或缺的名片，地域特色是国家的重要表现和软实力的体现，尤其对于大国来说，它是文化传统、风土人情以及人文精神最好的反映。进入信息和科技高速发展的21世纪，在这样的时代背景下，会展设计在中国得到了空前的发展，这是中国发展的标志，同时也是社会进步的侧面反映。随着会展业市场化程度的提高，会展城市内部场馆之间、会展城市之间的竞争日益明显，法制建设、品牌意识、现代化场馆建设、人才培养成为普遍共识。会展设计传统的空间布局以及静态展示已经不再能够满足现有的市场需求，新的审美方式和科技元素大量介入。但是，随着国内会展业与国际接轨，在国际会展业的刺激下，本土化设计和地域特色表现的问题逐渐显现在中国会展业中，中国会展业进入一个瓶颈时期。

什么是特色和地域特色？特色是一个事物或一种事物显著区别于其他事物的风格和形式，是由事物赖以产生和发展的特定的具体环境因素所决定的，是其所属事物独有的。地域特色简单来说是指一个地区或地方特有的风土文化，是隶属于当地最本质的特色。就是指一个地区自然景观与历史文脉的综合，包括它的气候条件、地形地貌、水文地质、动物资源以及历史、文化资源和人们的各种活动、行为方式等。地域特色是一地之情的特殊表现形式，是共性中的个性，是本地域内独有的、特有的或具有突出地位

的事物，是通过纵向的或横向的比较得出的结论。因此，在会展设计时要凸显地域特色，首先要理清什么是地域特色，才可能准确地把握地域特色的艺术表现。这取决于设计者对其地区特色的了解和研究，然后找准后再予以提炼、概括、取舍和升华。这样，才能找准最有代表性或是标志性的特色。

会展设计，更多地依赖于"展"，展示特色、展示美便是会展设计的基础，对于优秀的会展，我们总会用欣赏、赞美的眼光去看待，而如何让这种视觉参与方式变得有趣，如何让这种视觉的叙述方式变得吸引我们是值得思考的。视觉也是可以叙述的，它的叙述便是信息、内容。若要使这种叙述变得可感，那么内容则一定要充实，当地域特色作为内容的时候，这种内容的根基就变得深厚宽广，因此这种视觉叙述在进行自我展示时便能激发出受众强大的共鸣和认可。所以，我们不要总是"媚外"，学习借鉴并不等于一定要盲目跟风。好的设计灵感躲避追求它的人，却追求躲避它的人，所以不要牵强附会地去跟风，设计最重要的还是倾听自己内心的声音。传统文化元素包罗如此之广，尤其对我国这个有着多民族文化特色的国家而言，正是设计师们吸取营养的沃土，对会展设计有着深刻的启迪和借鉴作用。如果将这些富有地域特色的元素有机地组合到现代会展设计中，无疑也会给单调枯燥的现代设计风格带来一股清新的空气。正如法国设计师勒·柯布西耶在形容民间文化时曾经说过："自始至终，所有都是清晰的、简明的、短暂的、节俭的、强烈的、本质的，它能让我马上理解，我感觉着它，

能确切地体会到所表达的情感。一条印迹已被深深刻下：我看到它并记住。这种触发作用是精准的：在我心中一个特别的地方回应着这种情感，一种熟悉的情感，熟悉到我马上就抛出心桥"在设计中融入我们熟悉的民族及地域特色，我们能立刻感知并很容易地接受它，似乎在其中我们观者也达到了最完美的抒情。

日渐兴盛的会展业已经获得越来越多的青睐，许多企业和单位已经加入到这个潮流中来，当下这种"视觉营销"方式开始成为企业营销战略中的重要一环。要让人们在汗牛充栋的展览中发现、关注它，"地域特色"就成为关键。视觉的创意使营销变得亲切，从而让企业及其产品与消费者能更加便捷地互动。任何一种产品要想深入人心，都必须突破传统的传播模式，进行全新的传播思路、表现方法、表现途径和表现形式的探求，也就是要塑造自己的独创性和独特性。在会展设计中，各个单位都要做"形象意识语言"的传达，但是如何表现这种形象意识则是关键问题，地域特色提供给设计师以一种清新但浑厚的艺术养分，这是一种异己的力量，能在繁多的西方设计特色中跳脱出来，展现一种独特的地域设计风格，所以我们要继承地域特色中的优秀部分，将其适当适量地融入会展设计中，既要体现时尚性，又要反映文化风貌。因此，会展设计的独特性、新颖性就在此显得颇为重要了。在会展设计中的视觉营销是通过"视觉"发挥作用的，而"视觉"又是感性的，因此在这个过程中，必须把受众的"情感体验"视为突破点，而此"情感"完全是基于此地居民的生活特点形成的。

会展与地域经济。每个国家都有自己独特的生活方式、独特的审美时尚，在历史的演变过程中逐渐形成了独特的民族特色。在发展中的国家民族总是处于发展状态，也没有理由接近该国的国际交往。因此，一个国家的艺术形式，是随着社会历史的发展过程而变化的，我们应该学习其他民族艺术，能有效地反映现实生活的艺术形式，丰富自己的艺术形式。无论是国内悠久的文化历史还是国外先进的高科技设计理念，吸收国外优势，取其精华，去其糟粕，使我们民族有一个新的发展方向。所以我们应该反对使用固定的、保守的态度对待自己国家所固有的东西，应该显示的是民族元素在世界这个大家庭中融合。

民族元素对展示设计的价值取向。当今设计越来越趋向民族化，所谓民族的就是世界的，"中国风"在展示设计中的应用也越来越广泛，但也不是一成不变，是以审美的变化而不断发展，与世界同步，跟上时代的步伐，超越传统思想上的束缚。假如只为民族而使用民族符号，会对国家的艺术形式产生束缚。只有将世界的民族特色与中国传统的民族特色结合，才能建立一个真正的民族特色设计。民族性与世界性有机地结合起来，对提高国民的展示设计水平、提高世界展示设计水平起到至关重要的作用。民族性与世界性的关系，实际上是共性与个性的关系，指的是求同存异，在追求个性的同时，要符合大众的审美，所以就目前的展示设计发展情况来看，追求民族个性文化的同时，必须尊重国家的发展情况。

彰显民族文化的多元化。民族文化是指一个民族在漫长的发展历程中所积淀形成的能够体现自身特点的历史、地理、风土人情、传统习俗、生活方式、文学艺术、行为规范、思维方式、价值观念等共性文化。类似于人类文明，民族文化包括物质和精神两个层面的文化，而且不同的民族通常具有不同的民族文化，尤其具有不同的精神层面的民族文化。随着原始人类的出现和发展，逐渐开始形成聚集居住并具有一定物质文化的地区。这些地区拥有早期最原始的人类经济活动，并产生了城市、文字和管理制度，从而诞生了人类文明。但是，由于早期人类集群之间还不存在频繁的、大规模的交流，所以地域、气候、饮食以及风俗等诸多因素的不同，使得相同时期的不同民族之间创造的文化是不同的。另一方面，即使同一民族随着历史的变迁，不同的遭遇、不同的认知也都使得各自的民族文化也都朝着不同的方向发展，因此，不同的民族创造的文明是不同的，所形成的认知、语言、文字、伦理、宗教、世界观等各具特色，表现出了丰富的多样性。反之，这种多样性又确保了民族文化的不宜消亡和积极发展。

国内的展示设计主要呈现两种设计风格，一类是崇尚国外先进技术及设计理念的设计新人代表，这类人往往盲目地借鉴国外地设计模式，即便借用中国传统的民族符号，也带有"贩卖"的意味。没有从民族文化的内涵出发去钻研设计，这显然是失败的。另一种是资深的设计师，或者说是设计家，他们强调传统，民族内涵和民族元素的运用往往是基于一种视觉沉淀。民族符号元素、色彩元素、建筑元素、非物质文化遗产等等，都是值得我们深入研究的，只有了解了这些，才能更为清晰地设计出具有民族内涵的展示设计。结合国内关于当代会展设计本土化的诸多研究进展以及通过平日里对会展设计的工作学习发现，我国会展设计仍然处于起步阶段。在绿色概念与会展设计结合的道路上还有长路要走，在地域特色和民族元素的应用与表现上，也乏善可陈。目前，行业内的问题还有很多待解决。诸如思维模式单一、缺乏创新，以抄袭国外设计为主要创意来源，市场细分不够。总之如何将地域特色和民族元素体现在我国的会展设计当中是目前最关键的问题，这也是设计创新的灵魂所在。作为会展设计专业的青年研究者，我将毫无保留地身于中国会展设计本土化的研究与实践当中去。

南丹白裤瑶民俗生态活化展示传承研究

广西艺术学院　马　达

摘　要：南丹里湖白裤瑶的传统民俗文化是中国进入现代化进程中一道富有展示要素意义的文化产物。尽管在当今迅速发展的媒体和官方主流表述中，民俗生态活化艺术形式不仅是一种单纯的对民族文化传统的保护，最为主要的是它的表现形式是一种更为具体演示现代人对待遗留下来的传承文化继承和缅怀。南丹里湖白裤瑶的民俗活化性文化艺术在形式上正是现代性地域特色的一种实践表现形式，同时也是一种现代文化断裂意义上展示层面要素的一种表现体征，在更多的展示手法上具有多样性艺术表达的思考性，从而在更多艺术文化层次上体现出了传统民族性与活力现代性之间的纽带张力。

关键词：白裤瑶；民俗生态；活化传承；艺术文化

1　民族服饰文化的活化传承要素

"活化"一词尚属于较新的词汇，目前对于民俗文化的运用还没有准确的定位与解析。在《传统手工艺的活化策略——艺术价值与文化的效益》一文中，作者提出"活化"就是"活的传统"，强调塑造文化"层次感"来实现活化。在 2014 年"中国传统手工艺研究及活化设计"研讨会上，吴海燕教授提出活化设计的四个研究构建——研究态、研究场、研究物、研究链。"活化态"才是国际化成为传统文化的当代表达，而地域性特色的民俗文化应该"活态化"的论断便成为研究描述的方向，如何较好地展示并表演是进行民俗文化流通和传统艺术文化的关键环节。要想理解这个词可以先把词语进行拆解，"活"原意指生存，有生命的，能生长的，也有逼真的意思。"化"是一种趋势也是一种改变，《礼记·中庸》中曰"变则化"，改变其原来的状态创造新的趋势。因此"活化"在研究中可以理解为一种生动性状态呈现的变化趋势，结合展示要素体现出形象、生动、发展的综合型传承文化。

民俗文化的无形遗产展示价值并非主要通过物质形态体现出来，其文化内涵只有通过人的活动才得以传承，属于人类行为活动范畴，所属的部分物质成果也只是其中的行为产物，比如南丹白裤瑶民族服饰的制作工艺就是在体现动态的过程才得以展现，依然还存在着传统手工养蚕织布成衣的"手艺人"，只有借助于行动将这些艺术的制作

的过程进行展示，才能体现出非物质文化遗产的内在价值，真正起到展示的作用，非物质文化遗产展示的最大特征便是"动态"呈现。

1.1　制作工序

白裤瑶对于衣着的织染极其擅长，服饰因男子着装过膝的土步灯笼裤而得名。白裤瑶服饰的完成品基本要花费 20 多到工序：基本以养蚕——纺纱——跑纱——晒纱——梳纱——织布为一个采布前期，白裤瑶织布所选择的蚕种为金丝蚕，每年四月约在谷雨时白裤瑶人们种好小棉花，待到 8、9 月份时收获成品棉花，每年每家一亩地能收 25 斤棉花，做成成人服装男女均衡各五套。

1.2　制衣粘膏树

白裤瑶女子服饰基本都是采用了树汁和粘膏树浆的独特扎染技术制成的成品。其染料来自村口的粘膏树，粘膏树的生长只在白裤瑶居民的周围，目前在中国其他地区还没有发现这种树的存在。收集来的粘膏树液体加水混入牛油按照树汁和牛油 5 比 1 的比例混合，锅的下面用农作物的玉米秆来进行燃烧加热，待锅内的液体整体滚开，同时又没有气泡就可以拿来进行使用了。

1.3　蜡染描图

白裤瑶制作服饰的白布在描图前首先要经过压光处理，就是在绘画过程中，一边绘画一边选择一些表面光滑的木棒或者鹅卵石进行处理，对于画布上一些曲线及大直

线的线条需要大花铲来进行勾勒，画布上图形相对小型化的需要小画铲来完成。

1.4 蜡染布

秋收过后是白裤瑶染布的季节。在白裤瑶染布的过程中，染料的材料制作匹配也是相当重要的，在染布时，首先要往染缸中加入一碗蓝靛，然后倒入一碗等量的酒，顺时针拌匀。一天三次如此，然后捞出清洗晾干再继续染，按照这个步骤相继3到5次之后，将稻草烧成灰烬，过滤碱水，将染好的布料放入碱水中进行烹煮，目的就是除去衣服上的粘膏，粘膏脱离之后，将染布放入盛有蓝靛的染缸中再进行一次染色，这样原来粘有粘膏的部分就会染上蓝色，取出晾干。用蕨根水浸泡固色，将采摘回来的野淮山洗干净后除去表皮然后捣碎，过滤汁水，然后将画布泡入其中，待到画布硬挺之后捞出晒干，方可刺绣制成成衣。白裤瑶服饰制作工序相对繁琐，这道服饰制作工艺最近被列为"国家非物质文化遗产"，民族服饰的生态文化性，以其独有的图案形式以及稀有性然后加上地域性的特色，已经成为世界民俗活化普遍认同的古朴文化之一，具有极高的研究和保护价值。

2 白裤瑶民俗"乡愁"情怀：民俗要素活化性展现

每一项民俗的形式都有一段渊源发展的曲折故事，这也是民俗文化遗产展示区别于其他类别展示活动的重要标识，因此展示主题中的故事性演绎是民俗文化展示的灵魂与核心"主题必须以统一的故事来推动所有设计元素和体验营造活动的演绎，用这个故事来吸引观者的注意，其他要素围绕故事性发挥着辅助作用。"成功的文化展示就像一个善于讲故事的演说者，故事内容不仅让人产生情感共鸣，更能够令人产生身临其境的想象。每一种文化的表达都是不能孤立存在的，在这时代化的进程中，必须与其他文化相辅相成相互促进更好融合的交流发展，因而一个民族的发展与创新是需要与其他文化的辅助有着至关的作用。民族性质的亚文化是指在现代的社会体系中，面临着与外界文化的隔绝，产生的人文文化，宗教信仰，以及生活形式的不同，价值体系的改变，并对该族群的成员产生决定性的影响文化。现代人对于白裤瑶日常生活的关注和保护正好体现了对于多元文化的追究。白裤瑶由于处在相对闭塞的环境之中，与外界文化的接触较少，因而较为完整的保存了自己独特的文化系统，比如服饰形式、丧葬习俗等，并在展示文化因素的语境下成为主流文化形式。

白裤瑶地处高山偏远地区生活民风淳朴，丧礼活动是一个相对独特的习俗活动，在南丹里湖至今还保留较为完整的丧葬传统活动文化习俗。白裤瑶民族对于丧葬仪式文化非常看重，而且习俗仪式也是相对比较隆重，乡里远近的亲戚朋友都要闻讯赶来，场面十分壮观宏大，甚至比喜事还要热闹。白裤瑶的葬礼仪式文化活动

主要由六大步骤组成。第一步，报丧开始。在南丹里湖白裤瑶地区，当家里面有老人去世的时候，就会在"油锅"的组织里面指定某些成员带上砍牛刀等一些丧葬器皿去逝者的舅舅家报丧。第二步，击鼓造势。作为神圣器物的铜鼓在白裤瑶文化中扮演着一个重要的角色，相对来说这是对神圣器物的一种尊敬，铜鼓由战场上擂鼓轰鸣到葬礼上哀思阵阵，经历时代的考验，岁月的侵蚀，走过了三段不同的历程，在白裤瑶人的心中，铜鼓是向上天以及先人传达信息的神器。第三步流程，砍牛活动是白裤瑶整个丧葬文化活动中最为重要的环节，一般他们把砍牛的时间定在下午，在白裤瑶民族中，他们认为全天的时间里下午的时间是一天中最为黄金的吉时，丧葬活动中的砍牛形式首先要先拜牛、转牛、哭牛、抚牛、颂牛、砍牛等程序。在白裤瑶日常生活中，牛是作为耕地劳作的一个重要劳动力，拜牛跟哭牛是为了一方面对牛的留恋同时也是对逝者的思痛，砍牛是送逝者在另一个世界的财物，希望逝者在另外一个世界能有牛进行耕种，能得到物质上的财富，能吃饱穿暖，就像我们烧纸钱的性质一样，基本都是对逝者能在另一个世界的精神寄托。在丧葬活动中砍牛数量的多少依据逝者的家里经济条件而定，少的一头，多的有七八头，来参加丧礼活动的乡民越多，表明逝者在乡里面的威望就越高。第四步，跳猴棍舞。接着砍牛结束之后，便要开始进行敲打铜鼓跟木鼓，进行跳猴棍舞，跳猴棍舞同样也是白裤瑶丧葬传统文化活动中的又一高潮。第五步，长队送葬。白裤瑶送葬的队伍也是延习地域性传统的送葬形式，与现代逝者的送葬形式一样，同样也是需要披麻戴孝的，跳完猴棍舞之后就要进行长队送葬仪式了。白裤瑶的整个丧葬仪式有自己固有的规程，并折射出来其所特有的人生观和宗教观。他迥异于现代性人与人之间的日益疏远、自我孤立的文化特征。这样一个亚文化体系，由于保存着主流社会所遗失的重要价值而获得了它的文化展示形式的艺术审美性，同时这种活化性因素的加入，致使民族团结更加稳固。

3 民俗文化活化展示与传承

白裤瑶民族的生活习俗文化基本都是围绕着居住环境中人与自然、人与社会以及人与人之间的那种生态环境建设，如今在快速发展化的社会现象中，这种环境的生活模式在很大一部分程度上改变了原有的日常交往行为。民族的民俗活化性因素一般停留在经济发展相对落后的地区，在传统的衍生下，往往地域性文化都会受到大大小小的撞击。在走访南丹村落地区，基本与我国其他古村落存在的"空心化"民居生活现象问题一样，这种被历史传承下来的古村落传统民居建筑以及与生活相伴的民俗文化有着珍贵的遗产价值，需要被严格保护，然而这种形式对于居

民的生活舒适度以及经济收入的问题将会有一定的矛盾现象。经大量研究信息表明目前我国对古城、古镇、古村的旅游开发基本遇到两方面的问题；第一、游客的进入往往会导致村落的物价水平提升，这样就于当地原住居民的日常生活水平产生很大的影响；第二、参观者的进入往往也会伴随着外来文化的涌入，一般在我国相对保守的村落地区，物质文明与精神文明结构体系相对都比较脆弱，当两种文化相互碰撞的时候，基本以价值体系脆弱一方失败而告终。

3.1 文化是"活化"的核心

随着现代信息化的发达，古村落的年轻人基本都向周边的大城市外出打工，村落基本都已经处于"空城化"，一个民俗文化如果想活化起来，前提是得有人，人在民俗中是核心部分，作用就是领导性，没有人的参与是不叫民俗文化的。同时对于民族的驱动力必须要让原住人民加强提高对于自己民俗文化的提升，民俗文化是一个动态的形式，白裤瑶地域性的民俗文化保护传承的模式也是促进民族活化性的可选途径。在加强民族建设上弘扬地域性传统文化中，加强对民俗文化的凝聚力，可以使得人们对于传统文化的了解能够架构在坚实的基础上，使得民俗文化成为有话说话的民俗文化，内涵深沉。白裤瑶的丧葬文化，有一个砍牛的环节，对于现代文明来说，站在热爱小动物的立场来说，这是血腥暴力的，应该是受到制止的，但一个民俗文化的形成改变不是一朝一夕能改变的，不同的地区衍生不同的文化形式，我们只有提升原住民的文化素质，但同时不能扼杀民俗文化现象。

3.2 商业是"活化"的驱动力

在民俗文化的价值经济体系中，一个地区的经济文明体系离不开商业的支持，前面文字论述也有提到，古村寨里面的年轻人基本到周边的大城市去打工。如果在家劳作每月可得三四千元的收入，又有谁会选择背井离乡到外地讨生活！但据我国大量数据表明，盲目的商业化引入可能会导致古村落有形文化遗产和无形文化遗产的破坏，所以在现代社会中，要学会利用资本来发挥"活化"的驱动力，在加强民族自身文化的提升上面还需要企业、政府以及公益事业相互的合作配合，从而完成真正的"商业"聚集"人"的"活化"过程。

3.3 情怀是"活化"的动力

民俗文化是一个民族自主创造、传承和享用的生活文化，里面包含了整个民族团结的凝聚力，同时民俗文化也是一种技能，具有可操作性、可实践性。根据习总书记提出的发展建设培养"记得住乡愁、端自己的饭碗"更多是在建设发展生态艺术民俗文化上加强对地域性民族情怀的一种深入融合，更多的培养集体意识，发扬合作精神。目前对于南丹白裤瑶的民俗传承文化，基本上更多的还是表现在民众生活的集体性，人们可以通过民俗文化遗产活化的演练作为培养思想重要标准的衡量。

4 结语

纵观世界，在地域文化的民俗展示活动形式中，人们已经越来越有目的从地域文化中自觉地探索发展带有自身特色的文化，追求文化的民族性和地域性的同时也在开始转而寻找自己发展的道路，努力从脆弱的形式文化中摆脱出来。南丹里湖白裤瑶生态民俗无论是在服饰文化、丧礼习俗上都是白裤瑶文化的艺术载体文化标本库，它所展示的是艺术文化社会的日常生活。但这种简单、纯粹的民族文化在现在快节奏的物欲形式下已经走向"趋同"的形式路线。民俗简单的形式不能满足当前的文化展示需要，所以想让民俗文化活化起来，就得培养文化素养的提升，运用商业形式作为载体模式，加强生产力的转变，借助"资本"力量，加强"手艺"的承载，让有"情怀"的人完成对古村地域文化的民俗生态形式"活化"起来，从而走向复兴之路。

参考文献

[1] 马晓，周雪鹰.兼收并蓄融贯中西——活化的历史文化遗产三·中国阆平与西班牙托莱多 [J].建筑与文化，2014

[2] 谭莉，杨昌勇.白裤瑶丧葬仪式教育价值及启示 [J].民族教育研究，2012.2.

[3] 《瑶山雨露》南丹县文化体育局.南丹县里湖白裤瑶生态博物馆

[4] 于瑞强.广西白裤瑶民居建筑特色探析 [J].艺术探索，2010.24（5）.

[5] 江波，黄露，谭典.广西壮族干栏建筑对现代展示空间设计的应用探究 [J]，艺术探索.2009.10.

千古侗乡

——三江县高友村村寨建筑景观保护与发展

广西艺术学院　李　茹

摘　要：三江县高友村村寨的建筑景观主要是依山而建的民居，古朴典雅，建筑景观由肃穆而庄严的鼓楼、戏台、寨门、风雨桥等部分组成，具有丰富的文化底蕴和鲜明的民族地域风情。本文通过对高友村村寨的现状和现存问题的调查，并提出建筑景观保护与开发协调发展的发展战略，经过研究，此发展战略为高友村景观建筑的传承和发展提供了物质保障。

关键词：高友村；建筑景观；保护；发展

广西是一个少数民族聚集的地区，少数民族由于地理环境和历史的原因形成了独特的民族文化，尤其是地处广西三江县程阳八寨风景区最北的高友村，处于广西、湖南、贵州三省的交界处，是千古侗寨保存较完好的传统民居村寨。高友村是广西壮族自治区林溪八江风景名胜区中最重要的民族生态休闲摄影旅游景点，具有侗族传统优秀文化，又拥有民族特色，高友村是隐士追寻的"世外桃源"。本人有幸于2017年6月下旬跟随陶雄军教授主持的国家艺术基金项目团队前往考察，对三江县高友村村寨景观有了更深刻的学习和研究，通过与当地居民的交流和随行专家教授的学习对其保护与发展有了一定的感触。

1　高友村侗寨建筑景观的特点

广西三江侗族自治县与湖南相接，是现存风貌较为完整的侗族村寨，三江程阳八寨风景区最北端的高友村传统侗族木楼等建筑保存较完好。淳朴的民风，具有地域特色的民族文化，从建筑艺术、人文艺术到村民日常生活的种种习俗足以勾勒成一幅丰富的少数民族风景图。侗族建筑景观种类繁多，工匠技艺精湛，高友村侗寨建筑景观主要有古朴的干阑式居民建筑、庄严的鼓楼、戏台、风雨桥等，也是作为旅游风景区吸引游客的重要组成部分。

1.1　干阑式传统居民建筑

高友村的居住建筑为传统干阑式建筑，整体布局为自由式，依山而建，高低起伏的居民建筑使寨子错落有序的形成独特的建筑景观风貌。地形因地制宜，层高不一，木

楼的形式也多样化，主要以三层为主，四层、五层也有所建，其中一处五层干阑式传统民居建筑已有百年之久，依然保存完好。房屋的一层为敞开式，一般用作圈养牲畜或堆放农具，不作为居住空间。为了更好地遮风挡雨将屋檐做成多层，出挑较深，底层构建通透，散热、通风、采光性能

干阑式居民建筑

高友村村貌

比较好，因木构架固定性强，具有良好的抗震功能。

1.2 鼓楼建筑景观

一寨一鼓楼，鼓楼是侗族最具代表性的建筑，整个建筑不用一钉一铆，以木榫穿插构建。外观形似杉树，从几层到十几层不一，屋檐有山川、草木、飞禽、走兽等彩绘或雕刻。鼓楼建筑不仅是侗族典型的建筑艺术，也是侗族重点文化景观，包含了侗族人民的民族文化、生活习俗、文学艺术、社会历史等方面。以民族图腾为媒介通过鼓楼将人们心中对未来美好生活的希望传达，凝聚向心力。鼓楼一般建造于寨子中心位置，作为标志性公共建筑而存在。

1.3 戏台建筑景观

戏台的造型与吊脚楼形似，用杉木木榫穿斗栱建成。一般戏台有两层，三柱排扇单间二层，前后台之间用壁板隔开，左右留有边门，供戏子进出使用。前台额枋绘有龙凤走兽、花鸟鱼虫等彩绘，台前的两侧柱子写有对联或者诗词。脊背翘脚上多以仙鹤群立、二龙戏珠等雕饰。戏台的整体建构将建筑艺术、雕塑艺术、文学艺术融为一体，精致秀美。其功能用于庆祝盛大节日，迎宾送客，彰显民族文化和生活习俗。

2 高友村建筑景观的价值与存在的问题

2.1 高友村建筑景观的价值

高友村传统建筑景观是集政治、经济、文化为一体物质形态的侗族文化。高友村村寨建筑景观既有侗族传统民居建筑的共性，也有其文化历史的特殊性。高友村依山傍水而建，有自然生长的农作物、藤茶、大叶韭菜，这是区别于其他侗寨的标识。村寨建筑风格独特，建筑技艺精湛，充分体现了侗族工匠技艺超群和侗族人们卓越的智慧。居民建筑与风雨桥、戏台、鼓楼、寨门等建筑景观自然和谐为一体，共同建造恬静优美，古朴自然的千古侗乡。侗寨原生态的文化和建筑景观与自然资源相互依托，存在较高的旅游开发价值。

2.2 高友村村寨存在的问题

随着三江侗寨的申遗、旅游者的需求和品位的提升，具有原生态的高友村侗族村寨逐渐成为旅游开发炙手可热的资源。对于木结构建筑存在的问题和文化建筑景观的保护与发展存在着不可忽视的问题。

高友村村寨面临的问题主要有：一是旅游开发停留在低级的重复性开发，甚至造成文化遗产的破坏，对宝贵的民族文化遗产没有进行充分的挖掘，严重影响了村寨原生态可持续发展。比如在建筑景观的旅游开发问题上，以游览观光为主，缺少对建筑景观文化内涵、建筑技艺的详细说明和普及，使民族文化建筑景观魅力有所缺失。二是开发过度。随着旅游业的发展，改建土地少，人们为了改善生活现状，提高经济收入，兴建商铺、旅馆等，建筑风格多样，破坏了原有的建筑风貌。三是村寨自身存在的问题。

村寨受"文化大革命"的影响，过度砍伐，造成植被破坏；经济不发达才能将传统木结构保存，现木结构已逐渐停建，大多采用砖木混建的方式，这样对木结构的建筑景观的传承会有所流失；村落的选址、肌理等没有专门的规划机构进行勘测；村落散，排污难，污水处理和清洁卫生问题有待解决；村民私自接电，电线老化，阻燃性能不强，消防设施不完善，容易发生火灾等问题。

3 高友村建筑景观保护与旅游开发协调发展的策略

高友村的文化旅游处于初级发展阶段，在旅游开发规划等方面要坚持与建筑文化景观保护和传承协调发展的策略。坚持保护性原则，高友村村寨传统建筑景观资源和整体风貌反映的是人们智慧的结晶，是文化景观保护和传承直接的体现，一旦摧毁很难恢复，要强调保护性原则。坚持适度性原则，要实现建筑景观保护与旅游开发协调发展，必须防止过度开发，防止民族文化的流失和原生态建筑风貌的破坏。坚持原真性原则，原真性是指保证三江县侗寨高友村建筑景观资源和文化资源在发展中的真实性。只有将这种原真性的建筑景观保护得当，才能吸引外来游客，体会原汁原味的民族风情，将民族文化发扬光大，休闲景观区才会持续良性发展。

经济发展是提高人们生活质量和改善生活水平的必经之法，旅游开发是经济快速发展的重要途径，旅游开发为高友村民族文化的保护和发展提供了充分的物质条件，同时对侗族文化景观进行有效地保护和传承，才能保证旅游的可持续发展。二者相互依存，相辅相成。

依据村寨现存问题及面临旅游开发与建筑景观保护协调发展提出以下发展策略：一是构建侗族民族文化艺术品体验学习活动节等大型活动，传播传统手工艺技艺。申请传承人进行开班培训，学习传统工匠技艺和民族文化，提高旅游产品层次，深入挖掘民族文化。将高友村村寨建成以民俗文化体验、学习、娱乐、休闲等特色一站式民族文化景区。二是加大传统建筑的保护力度，促进建筑景观与人文景观的融合发展。对村寨重要文物古迹、老建筑、古树等建筑人文景观进行调查，并登记造册，制定出相应的保护制度。保证民族文化的原真性、完整性和延续性，保护村寨原真的村貌及格局。对于村寨不和谐建筑应及时整改，对于改建的建筑原则上只做修缮不做重建。三是加强基础措施的建设，在不影响村貌的前提下建设环卫基站。做好清洁卫生工作，对垃圾进行分类处理，生活污水进行集中处理，避免对河道景观造成污染和破坏。四是设置高标准消防设施。由于高友村村寨以传统木结构建筑为主，电线老化等因素易引发火灾，受村貌的影响，火灾的波及范围广，后果严重，消防设施必须以较高标准进行设置，成立专门的火灾应急指挥中心和日常监控小组，并对居民进行火灾防治知识理论和实践的学习。五是兴建新村基地。

在保护村寨原有传统侗族建筑的同时，也要保证部分村民对新建房屋的需求，因此要划定新的住宅区，兴建新村寨要严格审批，保证新建房屋风貌整体与村寨传统风貌相协调。

4　总结

三江县高友村侗族建筑景观与文化景观的保护不仅有利于民族文化的传承，也促进人们文化的多样性，有利于人类文化的传承和发展。经过研究调查，在开发和保护的过程中，二者是可以协调融合的，开发与保护的同时也能弘扬优秀的传统文化，发挥其艺术价值和文化价值，针对村寨现存问题提出的发展策略有一定的可行性，利于兴建美丽乡村和加强精神文明建设，符合国家文化发展战略的需要。

参考文献

[1]　陶雄军.论京族民族建筑的演变与文化属性[J].学术论坛，2014，37（2）：160-162.

[2]　陶雄军.论北部湾地区建筑文脉[J].作家，2013（8）：263-264.

[3]　蔡凌.侗族聚居区的传统村落与建筑[M].北京：中国建筑工业出版社，2007：265.

[4]　安颖.试论民族文化保护与民族文化旅游可持续发展[J].黑龙江民族丛刊，2006（3）：94-97.

浅谈广西地域文化特征在室内陈设设计中的应用

广西艺术学院　黎依婷

资助项目：《2015 年度广西高校科学技术研究项目》，立项编号 KY2015YB212。

摘　要：随着社会的发展与现代科技的进步，我国室内设计开始受到国际化的影响，形成一种"文化趋同"的现象，然而民族地域性在室内设计和室内陈设的使用中逐渐被削弱。中国各地区的民族文化具有多样性与丰富性，可以为我国现代室内陈设设计提供丰富的资源，所以在这一趋同的社会大环境下，将地域文化融入室内陈设设计中，不但可以增加室内设计的多样性与独特性，也能将各民族的传统文化元素展现给全世界。

关键词：地域；设计元素；室内设计；陈设设计

1　绪论

自工业革命之后，科技的不断进步和经济水平的不断提升，导致全球化的进程进入了飞速发展的时代，在这一大背景的状况下，具有丰富历史的传统文化，受到了外来文化的强烈冲击、趋同。在这一文化现象中，强势文化的影响是显而易见的，全球不论哪一个区域，都呈现出类似的文化特征，在这一背景下，呼唤地域文化的个性特点，取而代之常规文化的特点的呼声此起彼伏。

"民族的，才是世界的"。鲁迅先生在数十年前说的这句话，就已经诠释了尊重本民族文化的重要性的意义。而首先，世界的本质就是由成千上万种不同种族的多元文化构成的，而在每个种族文化的世界里，也会因为生活环境和世界观的区分造就不同的群体，导致种族里产生不同的人群，这一划分产生了多元的民族，也造就了独一无二的民族文化。所以，我们拥有的，是千百年来祖先传承下来的文化记忆和历史脉络，必须牢记这些属于自己的文化，找出文化之间的独特的属性，使其特有的民族文化继续传承。只有每个民族都保持自己的特色，使自己的特色发扬光大，使文化充满丰富的多样性。这样的民族也会受到全世界的欢迎，民族的也才称其为世界的。

2　陈设设计与地域文化的关系

中国不但有着上下五千年的丰富历史，同样也是一个多元民族文化的国家。每个民族的风俗习惯会随着居住地、气候、环境等一系列因素的影响都不尽相同。所以，在不同地域的民族里有着富有地域特色的民族灿烂文化和具有地域特色的设计表现。例如说，广西是个多民族的地区，且富有强烈的少数民族文化的省份，每个少数民族之间都有自己的独特性。在建筑以及室内陈设的领域，各个民族在发展的过程中都形成极具民族的特色的装饰风格，地区的民族传统文化里具有非常多值得考究和深化的元素，而且少数民族的传统元素往往是来源于生活的各个美好的细节，具有生活的趣味和亲切的感觉。在艺术提倡多元化的今天，地域性的介入对室内陈设设计有着革命性的意义，让原本固化死板的机体增加些许的文化内涵，使民族传统融入现代陈设设计中，使其焕发新的生机，研究地域特征在室内陈设设计中的应用，不仅仅是为了弘扬民族传统文化，更是对传统文化的保护与传承。因此，如何在室内陈设设计中体现地域文化特点问题，越来越令人们关注。

3　地域文化在室内陈设设计中的应用

3.1　地域性元素符号的归纳与提炼

种族或民族的符号元素文化，是承载与传递信息的一种最简单却又是最重要的媒介，以广西地域文化符号为例，其形成的过程是具有浓厚的岭南少数民族特色的，比较常见的是图腾文化和建筑装饰文化等，这些都是地域符号特征最经典的体现。符号在室内陈设设计中得到了广泛的运用，为了达到不同的设计效果设计师会将地域性符号元素加入到室内陈设设计当中，创建出一个具有现代气息与传统地域性文化所融合的室内环境。如广西地区民族传统图案（如铜鼓上的纹样、几何图案、浆染纹样、花草鱼兽纹样等）、民族服饰、民族色彩、传统建筑装饰上的几何窗、栏杆建筑外形图案等都可用来处理运用到现代室内陈设中去，不仅使整个空间体现出广西民族的地域情调，还能够提升室内空间的文化底蕴和内涵，使空间具有独特性。

3.2 地域性元素符号的创新与运用

符号其实是指人们共同约定俗成用来表示某意义的标记或记号，符号并不是一种具体的事物，它是某种意义的载体，也可以是一种态度，也可以是一种文化传承的方式。所以，元素符号需要一些具体的形式将它们表现出来，那么设计就是这个寻求载体寻求形式的过程。地域性符号是体现民族文化符号化的一种方式，为了使广西地域性传统民族元素延伸到室内陈设设计中去，打造地域性的陈设设计的表现形式，需要设计师研究和分析广西地域性、民族性的特征与文化底蕴，应取其"形"、延其"意"、接起"神"、最后创其"新"，通过对民族传统图案的元素进行提炼、简化、重构、组合、重复、变形等艺术处理手法，使广西民族地域性文化的底蕴简化为符号化的形式，逐步形成具有浓厚民族地域代表性的图形，这些元素提取包括民族吉祥物、图腾、人物、传说或者典故等。把地域性融入现代室内陈设设计中不仅需要图案元素符号的归纳与创新，还需要配合色彩元素符号、材料元素符号、空间元素符号的互相搭配使用，不能单一的使陈设设计与室内空间之间的关系相互脱离。地域性元素的使用既能通过直接的方式使用，也能通过间接的方式表达，对实体物品来说，地域性符号它表达出来的特征是具体的、直观的，而赋予它的含义、底蕴是间接的。

3.3 地域性"以人为本"的设计

随着社会的发展、人们经济水平的提高，在现代室内设计与陈设设计中已经不仅仅只有功能和美观的需求了，还要融入自然融入文化，注重为人服务、以人为本的设计形态。室内环境与陈设对人的行为会产生一定的影响，室内陈设设计应该尊重当地的历史文脉和风土人情来使地域性和人和自然环境关系的完美融合，创造出人性化的室内环境，以人为本的陈设设计。以泰国当地酒店的陈设设计为例，酒店充分考虑到当地闷热的气候环境，木结构成为酒店里最为常见的构架，使人会有一种亲近自然、清凉透气的舒适感。一些独栋的房间更是运用干草来作为建筑的屋顶，具有散热避暑之功效又能体现出地域性。同时，泰国是个佛教国家，受到佛教影响颇深，所以在一些关于佛教陈设品中会运用到酒店的大堂或者客房中，这既体现了当地民族和信仰，也使人体会到一种平和宁静的感受。所以设计师应该尊重历史人文、结合当地环境气候，如广西气候闷热多雨就尽量少用毛线、绒毛等感觉厚重闷热的陈设品在室内设计当中，多用透气的席子、木材、稻草、棉麻等材料在室内陈设中给人产生了透气舒适的感受。在

设计的过程当中，不能只看到表象，要从地域性的角度进行设计和思考，融入以人为本的设计，挖掘更深的设计内涵创建新的地域性陈设设计。

3.4 地域性的意境表达

"意境"是一种精神上的体会。例如说，在烟雨朦胧的苏州有着苏派民居，它们翻墙黛瓦，高低错落、轻巧简洁、色彩淡雅、虚实有致、临河贴水、空间轮柔、富有类似于桂林山水般延绵不绝，高低有致的意境美感。又如苏州到夏季气候炎热，在苏州园林设计里，建造了非常多各式各样的窗口进行通风采光，窗口分别采用对景、分景、借景、隔景等手法来表现窗口与景观之间的关系，而产生了这句"风裁书声出藕花"古代诗词中对苏州园林意境的描写，甚至从窗口向外看就是一副有意境的中国画，如身在广西著名的三江侗寨，无处不为一景，层层叠叠，错落有致般的景物与建筑之美，相辅相成。在室内设计中，陈设设计在室内空间中负责营造一种充满意境风格的氛围，而陈设品与"空、间"之间的关系，或动或静就形成一种视觉上意境的体现。所以说如果地域元素符号的提炼只是表面的将历史文化具象的话，那么意境的体现就是民族地域文化的抽象部分，它将地域性传统文化通过一系列的运用，突出了民族的精神和文化内涵。

4 结语

在采取传统民族地域文化时，应取其"形"、延其"意"、接起"神"、创其"新"，把传统的民族文化艺术的形式美、色彩美、寓意美延续到现代室内陈设设计中去，而不是一味的原封不动地照搬到室内运用中去，例如说充满广西特色的挑檐，看似鬼斧神工却又充满智慧的榫头，挺拔的高塔等一系列的元素，都应该以恰当的方式融入设计中，将祖先们流传下来独一无二的智慧继续传承、创新，这就需要系统地了解学习地域文化，形成整合和吸收、诠释和加工、提炼和创新。在室内设计中陈设品是室内空间的表情，在现代室内设计中陈设设计受到越来越多的重视，陈设设计不仅是有着装饰与摆设的功能还具有传递文化形成风格的功能，还能创造出具有内涵精神、文化底蕴的室内空间，而具体怎样才能将地域性文化完美的融合到室内陈设设计中，这是每一位设计师都应该认真思考的问题。

参考文献

[1] 徐千里. 全球化与地域性——一个"现代性"问题 [J]. 建筑师. 2004（03）.

[2] 牟江. 地域文化的窗口 [J]. 室内设计与装修. 1997（01）.

[3] 林燕. 地域文化在室内设计领域中的应用研究 [J]. 2004.

[4] 陈金金，杨茂川. "软装饰"地域性室内空间 [J]. 艺术与设计：理论. 2011.

[5] 李康. 从符号学谈地域性室内设计 [J]. 科技资讯. 2008.

桂北聚居区传统民居装饰艺术价值思考

广西艺术学院　朱小燕　周召群

资助项目：2017 年广西艺术学院校级研究生教育创新计划项目《广西恭城县付家街历史街区建筑遗产保护与规划设计研究与实践》，项目编号：2017XJ92；《广西恭城瑶族自治县恭城镇历史街区历史建筑保护和修缮》，项目编号：2017XJ98。

摘　要：桂北位于广西壮族自治区东北部与湖南交界，地处历史上"湘桂走廊"、"潇贺古道"、"西江河域廊道"辐射交汇区，当地有瑶、汉、壮、苗等多民族，多文化和多民族交融在一起，产生丰富的传统民居、类型和样式。本文以桂北恭城县和阳朔县传统村落民居、历史文化名镇文物建筑等进行调研，对桂北传统民居装饰纹样符号和寓意分析，并将它的纹样装饰纹样与相关的汉族传统民居装饰纹样进行对比，来分析桂北传统民居装饰纹样的艺术价值。

关键词：桂北传统民居；装饰纹样；艺术价值

桂北位于广西壮族自治区东北部与湖南省交界，地处历史上"湘桂走廊"、"潇贺古道"、"西江河域廊道"辐射交汇区，桂北有瑶、汉、壮、苗族等多民族，多文化和多民族交融在一起，产生丰富的传统民居、类型和样式。早从秦代开始，中原汉人迁入，唐代时期瑶民由湘南迁入，湘赣民居建筑桂北有分布。而广府民系则在明清时期桂北地区有分布，形成一种商业文化传播。自秦朝而明清，时代变迁，部分土著居民与汉族文化交融过程，恭城瑶族聚居区受到中原文化、湘赣文化、客家文化、广府文化、潮汕文化和西洋文化的共同影响，造就了独具特色的地域文化，在装饰纹样上也体现出来，装饰纹样有：窗装饰简易欧式造型、精美的木雕、柱础上雕刻纹饰、垂花纹样等。传统装饰纹样表现出当时历史背景、经济能力、人们生活的方式，纹样所代表的是精神文明转为一种符号语言，在现代生活中具有更为普遍时代审美特征以及美学价值运用，具有很高的艺术价值。由此本文以桂北恭城县和阳朔县传统村落民居木雕、石雕、垂花、雀替、门簪等装饰纹样进行探析。

1　装饰纹样寓意

桂北地区现今保留比较丰富的传统村落和民居建筑，受多元文化和多民族杂居因素影响，传统民居有比较完好的传统装饰纹样。如恭城县国家级文物保护建筑周渭祠、历史文化名镇恭城镇付家街、国家级传统村落乐湾村、大合村、朗山村、门等村、矮寨村、凤岩以及阳朔渔村等。建筑上体现装饰纹样的精美、艺术形式的考究、图案文化内涵等，充分展现了独特的艺术特征。通过实地调研笔者发现桂北传统民居的装饰构件、雕刻形式有明代的平雕和浅浮雕以及入清以后的深浮雕、圆雕、透雕、线雕和嵌雕工艺等方式。选用题材有如几何类、动物类、植物类、博古杂宝等纹饰题材，多以动物与植物纹为主，而人物纹样相对较少，受到瑶族图腾对自然万物的崇拜的影响，装饰纹样采用题材与人生活息息相关，寄托人们对未来美好生活的向往。经收集梳理主要的装饰样式有：

1.1　几何类纹样

在桂北传统民居的恭城县周渭祠、朗山村、渔村、乐湾村窗饰几何纹饰出现有冰裂纹、回纹、灯笼锦纹、万字等纹样。冰裂纹形式以不规则的短棍条攒接，纹样如冰破裂，看似杂乱无章，实际长短不一分布错落有致，展示出无限的自然美。冰裂纹窗棂寓意有"冰冻三尺，非一日之寒"，激励学子耐得住十年寒窗寂寞。古人是用这种无言的、抬头即见的、窗棂文化来熏陶和濡染学子，体现对下一代教育的苦心（图1）。在朗山民居中出现有"灯笼锦"纹样，图案以一个基本形状45°斜向对角线重复，形成连续灯笼状，中央部分留下大面积的透空内框，具有较好的透光效果。寓意"步步锦"具有步步登高，前程似锦（图 2）。渔村民居窗棂图案有"亚字纹"，是用横竖棂条拼接组成的"亚"字形，此纹还可以旋转倾斜做角度的变化，产生动感的流线型（图 3）。明末初清的造园家张南垣曾说"窗棂

几榻，不事雕饰，雅合自然"，李渔也曾强调窗棂的构造"宜简不宜繁，宜自然不宜雕斫"，他认为"简斯可继，繁则难久"。桂北传统民居的窗饰正是运用对比与调和、统一与变化、对称与均衡、比例与尺寸、节奏与韵律等构成规律，充分展现了线的纹样符号装饰风格。

图 1　恭城周渭祠冰裂纹样实例

图 2　恭城朗山民居灯笼锦纹样实例

图 3　恭城渔村民居亚字纹样实例

图 4　恭城周渭祠、朗山民居动物纹样实例

1.2　动物纹样

在恭城周渭祠、朗山村瑶族聚居传统民居中雀替题材有动物装饰纹饰，雀替在建筑中置于梁枋下与柱的交界处，多数雀替形式上呈不规则的三角形，左右对称像一对翅膀一样，承载着人们一代又一代的梦想。制作材料主要是木质为主砖雕材料较少，雕刻技法有深浅浮雕、镂雕、圆雕、或彩描。雀替纹样题材有龙纹样，龙作为中华民族的象征，是神圣、吉祥、喜庆之物。以白色纹样凤凸显，周围浮云卷纹装饰，凤鸣之音是和平美好的征兆。是麒麟和喜鹊纹样四周有枝叶环绕做装饰，麒麟是传说中的瑞兽，有麒麟吐书寓意。以不同动物做抽象简化造型，画面构思巧妙，典雅含蓄，耐人寻味（图 4）。

1.3　植物纹样

柱础植物纹样在恭城传统民居中是常用的题材，它可以单独使用，但常见是与动物纹样居多，与人物纹组合使用较少。柱础的基本形式为墩形，通常由础头、础身、础脚、础座 4 部分组成，造型丰富多彩，各具特色，有鼓形、覆莲、瓶形等。在恭城见石雕并不多，集中在祠堂为主。如周渭祠的柱础中，柱础为六边形，柱头有一些连续浅浮雕盆莲花纹样，在基座下方有如意浅浮雕纹样，莲花有"出淤泥而不染，浊清涟而不妖"，寓意莲花清新雅洁，成为传递美好爱情的象征。柱头以连续浅浮雕盆莲花纹样，柱础为六边形深浮雕：喜鹊登梅纹样，每幅浅浮雕的边缘有浅刻的画框，基座离地面位置比较简单，有如意纹样。如乐湾村大屋、陈四庆宗祠：柱础如瓶体波浪形鼓起，造型似花瓶婀娜多姿，作为民间吉祥物，花瓶或许有因为佛家宝瓶、道家甘露瓶而寄寓吉祥意义的成分，但更主要的是由瓶的字音而来，即以"瓶"谐"平"，取"平安"之意。用这些果植物纹样谐音会意来表达吉祥目的（图 5）。

图 5　植物纹样实例

1.4　博古杂宝类纹饰

博古杂宝装饰纹样通常以鼎、尊、彝、瓷瓶、书卷画等题材寓意清雅高洁。在恭城周渭祠、乐湾村陈氏宗祠、陈四庆宗祠屋脊兽尾部演化为上书卷博古格架、粉彩博古纹。由此可以看到桂北传统工匠师的独特匠心，其传统宗祠运用纹样寓意、祈望和象征等手法，以独特的样式将普遍的哲理、民俗、审美意识和主观意向表达

出来（图6）。

2 桂北传统民居装饰艺术表现

2.1 实用与艺术相结合

在建筑装饰上，不仅单纯的艺术表现也需要从实用的角度考虑，在满足功能的基础上进行艺术处理，使得功能、结构、材料和艺术达到和谐统一。如（图7-1）乐湾村（陈四庆宗祠）中侧面山墙有人字山墙、（图7-2）豸遊村（周氏祠堂）镬耳山墙、（图7-3）周渭祠三级方耳山墙。三级方耳山墙一般出现宗祠较多，能加强防火和防风作用，体现等级象征，寓意着人们的某种祈祷。而室内采用屏风、隔断等木构装饰，出现较多在窗棂上的镂空雕装饰，在恭城渔村、朗山民居看到门窗多采用透雕刻技术方法进行修饰，雕刻出纹样形象之外后去掉多余的部分，在阳光照耀下产生光影的效果，具有通透、灵动的空间感，富于装饰性，运用木雕装饰结合实用在建筑构建上进行修饰，能给人玲珑剔透的艺术美感（图8）。

图6　恭城周渭祠、乐湾村陈氏宗祠、陈四庆宗祠博古杂宝类纹饰实例

图7-1　恭城乐湾村陈四庆宗祠人字山墙　　　图7-2　豸遊村周氏祠堂镬耳山墙　　　图7-3　周渭祠三级方耳山墙

图7　恭城乐湾村陈四庆宗祠、豸遊村周氏祠堂、周渭祠山墙

图 8　恭城渔村、朗山民居镂空雕实例

2.2　构图形象上丰富与统一和谐

在民居建筑中，装饰装修类别比较多，在室外有砖雕、石雕、灰雕等，如恭城乐湾村灰雕，通常将彩楣部分分为若干个画幅，每一幅都是独立的画面，陈四庆宗祠彩楣以历史人物为主，而陈氏宗祠彩楣以花鸟一类和山水景画（图 9）；在室内则有木雕、彩描等。由于材料不同和质感不同，在室内韵味、质感等方面产生不同的艺术表现形式。不同材料的综合运用，使得装饰上出现协调一致，不显得杂乱无章而是相得益彰、倍感丰富（图 10）。

图 9　恭城乐湾村陈四庆宗祠和陈氏宗祠灰雕实例

图 10　恭城朗山民居木雕实例

2.3 艺术风格上地方特色与形象多样

桂北建筑装饰无论工艺手法还是题材内容上，都具有当地的地域性，如选题上有山水风景、民间神话、戏剧故事或是珍奇异兽等。并结合当地的材料、习俗爱好、形成丰富的地方特色。如阳朔渔村民居木构条环板上以麒麟为题材，建筑选材上运用当地樟树和杉树、楠木、梓木、银杏木、柏木等。但趋于造价及木质轻、韧性好，不易变形等杉树作为主材料使用居多。雕刻纹样的选材、制作和审美巧妙地结合起来，使得艺术风格上的地方特色与形象多样完美统一（图11）。

3 桂北装饰与不同其他地区民居装饰对比

3.1 徽派传统民居建筑装饰"繁"与桂北传统民居建筑装饰"简"

徽州地区看到传统大屋，几乎都是文化世家留下来，其祖先通过科举走上仕途、当官发财以及经商致富的人，他们是"居室"的投资主体，在建造上追求规模宏伟，装饰精美，也是他们展示自身经济实力和身份象征。在装饰纹样符号上表现出精神文明的特征，通过日常生活的接触以及对生活的一种思考，把他们期望用不同装饰题材表现在建筑装饰的纹样上，在人物纹样题材的雕刻装饰表现人物形态更加细腻灵活、富有生机，画面的立体感更加强，艺术表现效果，具有浓郁的地域文化色彩（图12）。由于历史原因秦朝时期由中原地区汉族人桂北地区迁入，所以在建造风格上桂北传统民居也带有徽派建筑风格特点，在建造上诸如相似人字山墙、三级方耳山墙（图13）。由于文化背景和经济实力相对于比较滞后，使得桂北民居的建筑装饰纹样上相对于比较简单，少了很多繁缛，多了几分清秀。

3.2 广东潮汕传统民居建筑装饰"精"与桂北传统民居建筑装饰"粗"

广东是我国华侨最多省份，各种原因漂洋过海，异邦谋生，由于海外经商相对富裕，见多识广，带回国外设计作为建筑参考，风格上受到海外风格影响，装饰更加精益求精。潮汕地区传统民居在建造上注重门窗装饰造型，门套用欧式

图11　阳朔渔村民居木雕实例

图12　徽州地区民居装饰实例

图13 徽州宏村民居装饰实例

线条修饰，门头带有山水景象彩描，窗装饰由传统木构采用彩色玻璃，窗框有欧式卷纹造型，营造精美的建筑装饰来显赫。在形式上反映国外建筑的某些构件影响，与海外建筑文化交流、交融等特点形成潮汕地区建筑独特之处。在营造画面上门窗装饰造型，主题突出，以"精"为美（图14）。而广府民系则在明清时期才大举迁进广西，形成一种商业文化传播，受到西洋文化影响，朗山、门等村传统民居窗扇纹样简单、拱形造型，以"粗"为主（图15）。

图14 潮汕民居窗装饰实例

图15 恭城门等村窗装饰实例

4 装饰纹样美学价值运用

桂北民居受到中原文化、赣文化、客家文化、广府文化、潮汕文化和西洋文化的共同影响。桂北民居形成独特的地域特征、民族文化、艺术价值的典型装饰符号。装饰纹样艺术价值是以其丰富的文化内涵、多样的雕刻技艺、质朴率真的表现手法来呈现其桂北民居独特的艺术魅力，传承千百年来的悠久历史情怀。因此，在当今物质文明高度发达的时代里，现代装饰艺术迅速发展的今天，不要遗忘历史，发扬民间艺术的个性语言，挖掘其丰富的人文内涵，从中感悟传统民居装饰纹样的艺术价值。

参考文献

[1] 陈志华，贺从容，罗德胤，李秋香．福建民居 [M]．武汉：湖南教育出版社，2001．

[2] 黄汉民．门窗艺术上下册 [M]．北京：中国工业出版社，2010.

[3] 陆琦．广府民居 [M]．广州：华南理工大学出版社，2013.3.

[4] 丁俊清，杨新平．浙江民居 [M]．北京：中国建筑工业出版社，2009.

[5] 胡倩．丽江纳西族传统民居门窗的装饰艺术探析 [D] 昆明理工大学，2010.

[6] 杨静．岭南传统庭园门窗的特色及传承研究 [D] 广州大学，2013.

参数化设计语境下城市景观设施可持续化设计

——以南宁市万秀村为例

广西艺术学院　梁潇予

摘　要：环境恶化、环境污染问题一直是当代社会面临的严峻问题,可持续化发展的提出就显得尤为重要。在现代设计中,计算机软件技术在当今时代发挥着至关重要的作用,被广泛运用到城市建设中各个领域的方方面面。本文将从参数化设计的基本理论开始,分析和研究其科学逻辑,从相关行业设计的结果入手,探讨其先进性,以及其与景观设计相结合的可行性依据。而可持续化设计作为时代的大议题,用参数化设计表现该主张的合理性和在景观设计中尤其在设施设计方面的应用。

城中村问题是中国当代城市发展中遗留的历史问题,是城乡二元化政策的必然结果。在与周围城市环境的差距中,城中村主要表现出空间功能混乱、缺乏景观设施基础建设等现状。传统的景观设计手法对城中村的改造手段较为局限,本文通过参数化设计的手法,以南宁市万秀村景观设施设计为例,对场地空间进行了解分析,同时运用参数化思维,利用参数化设计灵活多变的可适应性,设计一套可持续性的景观设施。

关键词：参数化设计；可持续化；景观设施设计

1　绪论

时至今日,随着人类的生活水平不断提高,人类对环境的要求也随之提高；而伴随出现的现象却是因大规模发展导致的环境破坏、环境恶化等严重问题。参数化设计作为新形势下的新兴设计概念,最先在工业设计中提出,现已更为广泛地应用到建筑设计、城市规划设计等行业中来。参数化设计以其提供了一个设计人员可合作参与的大平台、对复杂数据的处理能力、非凡的适应能力被多数设计人员所看好。将参数化设计与可持续发展有机地结合在一起,赋予了参数化设计更多的社会意义。

城中村作为中国城市化进程中遗留下来的问题,普遍存在与中国的城市之中,它既纳入城市版图范围,却又缺乏城市该有的配套设施建设。城中村面临景观空间的缺乏、随时面临拆改等问题。周边的建设动态蚕食着这一过去的城市印记。城中村是一个动态稳定的存在。如何在这个过程中更新优化城中村基础设施建设,同时分析发展研究参数化设计在相对临时性场所里的应用,具有现实的意义。

本文主要研究在参数化技术下的景观设施可持续性设计。基于传统设计方法,用计算机软件技术进行更为缜密的逻辑计算分析,对场地资料的把控更为精细。选择场地也选择为现代城市中矛盾点较为突出的城中村,把景观设计结合新形式的参数化技术运用到城中村的建设中去,利用其灵活多变的特性,突破传统设计方法为城中村景观设计寻求可实施的、动态的解决方案,缩减城中村与周边城市建设的差异,提高村民的幸福感、市民存在感。把参数化设计与可持续性联系起来,将设施变为可拆分重组的组件,用以解决城市灰空间和割裂空间的功能或景观设施不完善等问题。本方案旨在把参数化设计落实到景观设计的具体实处,考虑其现实意义。

2　参数化设计

2.1　参数化设计的概念

参数化设计是计算机辅助设计的其中一个类型。英文翻译为 Parametric Design。其设计的方法是基本构件或数据通过一系列设计者制定的运算规则之后,得出来的运算结果。结果的不确定性使得参数化设计更为多元化。参数化设计是一种基于算法思想的过程,能够实现参数和算法的表达，共同定义、编码和阐明设计意图和设计结果之间的关系。参数化设计是一种模式，在设计中，元素之间的关系被用来操作和表现复杂的几何形状和结构的设计。

2.2 参数化与景观设计

在国外的景观设计中，参数化的运用较为广泛，例如景观建筑设计有弗兰克盖里在西班牙巴塞罗那奥运村设计的"鱼"城市景观建筑；城市景观规划设计的扎哈设计的位于北京的望京 soho 总规划；在铺装设计方面，Mechel Desvigne 设计的日本某大学屋顶花园铺装；以及 Peter Eisenman 设计的位于德国柏林市中心的犹太人大屠杀纪念碑；更为常见的是表皮设计，利用参数化的控制可变量特性，结合光照、水文等场地信息，计算得出适合设计形式或者设计功能的结果。

除了形式上的设计外，参数化设计在景观中的应用也表现在地形的处理、辅助种植规划、路网的编程、建筑设计等具有实际意义的方面。通过场地基本信息数据的收集，计算机经过运算后能更为精确梳理场地信息，模拟出场地情况，可导出我们需要的设计数据作为设计依据；在设计上，软件能作为辅助的参照引导和指导设计，增加设计与场地的贴合度，同时可根据设计师审美进行调节。

3 景观可持续化设计

景观可持续化的设计有以下几种类型：①可持续的景观格局；②可持续的生态系统；③可持续的景观材料和工程技术；④可持续的景观使用。从参数化设计的基本原理来看，从元素被方程式计算后得到的结果，我们可以拆分出元素作为景观设施的基本构件，而计算的方程是通过场地情况因地制宜，符合环境的逻辑，最终计算出的结果是具有多样性、可变性。从这个理论来看，基于参数化的景观可持续设计是一种可持续的景观使用的途径，当建成景观设施的构件因需被拆分开来，就像乐高积木一样，又可以因需重新组合，适应新的场地。

例如 OPEN 建筑事务所的 HEX-SYS/ 六边体系。近年来，中国的临时性装置景观、建筑大量的出现，这股热潮却带来资源浪费的问题，而该设计使用了重复利用元构件的建筑方式，使建筑的使用率大大提高。灵活的安装方式不仅提高了建造周期，还能灵活地演变出不同的造型和样式运用在各种场地空间和不同的功能上，时间成本和经济成本都大为缩减。这是可持续化设计的一个优秀案例，从延长使用周期上入手，达到大程度的普适性和实用性，同时也与新陈代谢理念不谋而合。

"The Hive"是英国建筑设计公司 Wolfgang Buttress 为2015 年米兰世博会设计的英国馆，其送往迎来接待了超过3 百万的参观者，也一跃成了 2015 年度全球范围内英资十大最受欢迎景点之一。而建筑师可拆卸重组的设计理念，也让其成了第一个得以在参展过后回到英国本土，并对公众开放的世博展览装置。

4 在实际景观设计中的应用——以万秀村景观设施设计为例

4.1 设计背景

城中村作为中国城市化进程中遗留下来的问题，普遍存在与中国的城市之中，它既纳入城市版图范围，却又缺乏城市该有的配套设施建设。城中村面临景观空间的缺乏，随时面临拆改等问题。周边的建设动态蚕食着这一过去的城市印记。而城中村的出路无非这两条：保留原有形态，向新农村转型、提升地方价值、使其与城市互动，建设改造发展使其达到或略低于与城市基础建设基本水平；其次就是全面拆除，重建其作为新的城市用地。在未来的变革之前，城中村是一个动态稳定的存在。如何在这个过程中更新优化城中村基础设施建设，同时分析发展研究参数化设计在相对临时性场所里的应用，具有现实的意义。

4.2 设计背景

基地位于中国广西壮族自治区南宁市西乡塘区的万秀村，被北湖路、明秀路、友爱路等城市干道所包围。作为南宁市最大规模的城中村，万秀村存在着大部分城中村普遍存在的问题。解决万秀村问题，具有普适性的实际意义。在对场地进行调查后得出如下结果：①场地肌理密集，仅有几条路能在场地内通行机动车，建筑布局混乱；②场地绿化资源匮乏，景观结构不完整；③宏观来看，基地距离周边城市绿地较远，周围主要分布商业区和住宅区，为人口密度较高的区域；④场地内有多处违章建筑，例如私自加盖楼顶等。总体表现出较为鱼龙混杂的一面。

4.3 基地现状问题以及对策

万秀村存在的主要问题有建筑空间混乱、缺乏景观设施；村民社会地位低、身份尴尬；而且随时面临拆改。解决的对策主要为增建景观设施、增加景观功能；在城中村置入与城市等同的景观设施，从点到面提升城中村配置，提升村民的城市归属感。针对随时可能拆改的城中村运用可拆分——重组模式的景观设施，即便日后拆除也能把构件材料再利用起来；而参数化设计可灵活变换的设施构成模式，可织补城中村里的犄角旮旯，充分利用灰色空间营造景观环境。

4.4 设计探索

城中村的过去与未来比起城市中的其他要素具有更强的不确定性、更明显的动态特征。现在暂时的、相对静止的时候，它是"0"。当其需要置入功能时，需要"+"；当其面临拆除或改建时候，则为"−"。参数化概念中的基本元素作为设施的基本构件，通过运算法则不断变换，结合场地情况设计出适合需求的景观设施，而设计结果是可逆的，即可拆除——再重装，在城中村的临时性景观中起到可持续发展的意义。

4.5 参数化景观设施概念设计

根据场地情况，利用参数化构件组合而成的景观装置用于以下场景，设计了四个景观节点空间：空中织带，梳理空中凌乱的电线；共享花园，规划出了城中村的活动场地；空中游园，充分利用立体空间，为核心区域创造出可供休闲娱乐的活动场所；最后是利用参数化设计的灵活性在夹缝中放置了"图书馆"装置，从文化教育上提升村民的素质与修养。

（1）空中织带

城中村的电线问题一直是城中村存在的最突出问题，混乱的线路不仅影响了城中村的美观，同时还存在着严重的安全隐患，许多电线甚至垂下来，若不当心或是身材高大，很有可能碰到危及生命。在空中编织安全带，有效防护隔离电线带来的安全隐患，同时在视觉上梳理了立体空间的层次，既美观又活泼。同时，安装在织带上的夜路灯也为晚归的人们亮起守护的灯光。

（2）共享花园

城中村的公共空间缺乏合理有效的规划，所以导致商业空间、儿童游戏空间、休闲空间混合在一起，同时还缺乏景观空间、绿化用地。共享花园，提出用色块划分区域，通过空间句法的分析，帮助城中村梳理其肌理，同时利用灰色空间地块，设计共享花园，村民在这个意识空间里共同栽植物、领养植物，在增加绿化的同时，还促进了邻里关系。

（3）立体停车场

在万秀村的核心区域、村委会楼前、主要车行道交汇的岔口的空地上被作为停车场使用。立体停车场不仅让车辆规范停泊，同时利用立体的空余立体空间，让村民在这个大的信息流物质流交汇区域有更多的活动空间。

（4）夹缝图书馆

利用城中村楼与楼之间的间隙，设计一系列的"夹缝图书馆"，图书馆散布在城中村的不同地方，孩子们可以像寻找宝藏一样，寻找埋藏在各个角落里面的知识宝藏。在"图书馆"位置的选择上，以安全第一、趣味性第二为原则，尽量选在靠近主干道的次一级道路上，保证孩子们的活动是在大人保护范围之内。设立在夹缝中的可移动式书柜，在不需要的时候收纳进巷道里防止阻碍交通。

5 结语

在未来的景观设计中，参数化从其时代性、优越性和前瞻性来说都是不可避免的设计大趋势，如何从传统设计中转型，形成一套合理科学同时具有普遍适应性的设计方法仍然是值得探讨的课题。所幸的是同行业的建筑与规划学科已经率先迈出了步伐，在参数化设计探索的道路上留下了宝贵的经验以供借鉴。在未来，愿同行们能够基于我国国情，开辟出一条符合中国特色的参数化景观设计之路。

参考文献

[1] 梁俊. 参数化在景观设计中的应用 [D]. 湖南大学，2014.

[2] 甘灿业. 城中村存在的问题及对策分析——以南宁市西乡塘区秀灵村为例 [J]. 经济与社会发展，2009.

[3] 王婷，余丹丹. 边缘社区更新的协作式规划路径——中国"城中村"改造与法国"ZUS"复兴比较研究 [J]. 2012（2）：81-85.

[4] 郭湘闽，刘长涛. 基于空间句法的城中村更新模式——以深圳市平山村为例 [J]. 建筑学报，2013.

[5] 池志炜，谌洁，张德顺. 参数化设计的应用进展及其对景观设计的启示 [J]. 中国园林，2012.

[6] 包瑞清. 编程景观 [M]. 江苏：江苏凤凰科学技术出版社，2015：155.

[7] 李飚. 建筑生成设计 [M]. 江苏：东南大学出版社，2015：258.